Claudia Hinz, Wolfgang Hinz

LICHTPHÄNOMENE

Farbspiele am Himmel

1. Auflage

Oculum-Verlag, Obere Karlstraße 29, 91054 Erlangen
www.oculum.de, astronomie@oculum.de

ISBN 978-3-938469-76-7

Claudia Hinz, Wolfgang Hinz

LICHTPHÄNOMENE
Farbspiele am Himmel

1. Auflage

VORWORT

Alles, was Sie tun müssen, ist, Ihre Augen mit dem Zauberstab zu berühren, der da heißt: Wissen, worauf ich achten muss!« schreibt Marcel Minnaert in seinem Buch »Licht und Farbe in der Natur«. Auch Goethe wusste bereits vor 200 Jahren, dass sich derartige Phänomene nicht von selbst erschließen und man sie sehen lernen muss.

Dieses Buch ist praxisorientiert und soll dabei helfen, sich das Hintergrundwissen für eigene Beobachtungen anzueignen und das Interesse an den wunderschönen Erscheinungen zu wecken, welche uns die Natur, das Licht und die Erdatmosphäre immer wieder bieten. Es betrachtet die physikalischen Vorgänge auf leicht verständliche Weise.

Bei Vorträgen bekommen wir oft zu hören, dass die meisten atmosphärischen Erscheinungen in unseren Breiten nicht zu sehen sind, sondern man dafür in arktische Gegenden (zum Beispiel für Eisnebelhalos, Leuchtende Nachtwolken) oder in die Wüste (Luftspiegelungen) reisen muss. Diesen immer wiederkehrenden Irrglauben haben wir zum Anlass genommen, die Auswahl der Bilder für das Buch so weit wie möglich auf Mitteleuropa zu beschränken, um damit zu zeigen, dass Erscheinungen nicht von der geografischen Breite abhängen, sondern vielmehr vom Wissen um diese. Denn wer weiß, wo er was suchen muss und unter welchen Umständen die einzelnen Erscheinungen entstehen, der wird auch das Sehen dieser erlernen.

Wir widmen dieses Buch Dr. Eberhard Tränkle (1937–1997), der zusammen mit Frank Pattloch eines der ersten Simulationsprogramme für Haloerscheinungen geschrieben hat. Zudem hat er mit vielen Ideen und Diskussionsbeiträgen der Arbeit im Arbeitskreis Meteore e. V. Auftrieb gegeben. Er vermochte es, in anschaulicher Weise die Vorgänge zu schildern, die zu den unterschiedlichen Haloformen führen. Oft konnten wir miterleben, wie er offenbar selbst Schritt für Schritt die Strahlengänge nachvollzog. Eine seiner weiteren Leidenschaften galt den Luftspiegelungen Hier entwickelte er nicht nur verschiedene Simulationsprogramme, welche die Luftspiegelungen bei verschiedenen Temperaturunterschieden und wechselnder Augenhöhe zeigen, er reiste auch selbst jeden Sommer zum Wattenmeer, um Fata Morganen zu fotografieren. Eberhard Tränkle ist viel zu früh von uns gegangen, hat aber für den Arbeitskreis Meteore e. V. den Grundstein gelegt, atmosphärische Erscheinungen nicht nur zu beobachten, sondern immer auch physikalisch zu betrachten und vorhandene Theorien kritisch zu überprüfen.

Es gab einige Helfer, die zum Gelingen des Buches beigetragen haben und bei denen wir uns herzlich bedanken möchten: Dr. Elmar Schmidt für die Durchsicht des Manuskriptes, Michael Großmann vor allem für die Bereitstellung von Grafiken, Dr. Alexander Haußmann für physikalische Hinweise, Rainer Schmidt für sein unermüdliches Engagement der Erstellung und Pflege einer umfangreichen Halobibliographie, welche die Suche nach Originalbeobachtungen und spezieller Literatur enorm erleichterte, der Bibliothek des Deutschen Wetterdienstes für das fleißige Heraussuchen benötigter Artikel sowie Claudia Mähne für die Übersetzung englischsprachiger Originalzitate. Unser Dank gilt weiterhin den Fotografen, welche uns ihre wunderschönen Bilder zur Verfügung gestellt haben. Diese sind im Bildnachweis zusammengefasst. Alle dort nicht genannten Aufnahmen stammen von den beiden Autoren selbst.

Claudia und Wolfgang Hinz
Schwarzenberg im Juli 2015

INHALTSVERZEICHNIS

DIE FARBEN DES HIMMELS

Unser Himmel bietet im Tagesverlauf einen ständigen Farbenwechsel. Blau dominiert den wolkenlosen Tageshimmel, weiß oder grau wird er, wenn Wolken vorüberziehen, und orange bis rot, wenn sich die Sonne dem Horizont nähert.

Aristoteles setzte sich bereits 350 Jahre vor Christi Geburt intensiv mit den Himmelsfarben auseinandersetzte. Er beobachtete intensivere Rottönungen bei weniger klarer Sicht und versuchte, die Rot- und Blautöne durch Reflexion in verdichteter Luft zu erklären. Diese Erklärung hatte über zwei Jahrtausende Bestand, bevor sich Isaac Newton der Erklärung und Wirkung von Himmelsfarben auf physikalischer Ebene näherte. Auch Johann Wolfgang von Goethe beschäftigte sich in seiner 1810 erschienenen »Farbenlehre« mit der Färbung des Himmels und betrachtete die Atmosphäre als trübes Medium, die dafür verantwortlich ist, dass unser Himmel nicht schwarz, sondern tagsüber blau erscheint. Baron Rayleigh entdeckte schließlich, dass es vom Verhältnis der Partikelgröße zur Wellenlänge, also von der Spektralfarbe abhängt, wie intensiv das Licht gestreut wird. Wenn die Lichtwellen annähernd die gleiche Größenordnung haben wie die Streupartikel, dann werden sie am stärksten gestreut.

Das Geheimnis der Farbenpracht liegt also in unserer Atmosphäre; denn ohne diese würde unser Himmel schwarz erscheinen. Wenn Licht auf dem Weg durch die Lufthülle auf Aerosole (das sind alle schwebenden Bestandteile der Atmosphäre) trifft, wird ein Großteil des Lichtes durch Streuung umverteilt. Kleine Teilchen wie Gasmoleküle streuen Farben mit kleinen Wellenlängen, also hauptsächlich Blau (Rayleigh-Streuung). An größeren Partikeln wie Eiskristallen oder Wassertröpfchen werden große Wellenlängen, also rötliche Farben gestreut (Mie-Streuung). Das Streulicht, welches unser Auge erreicht, bestimmt letztendlich die Himmelsfarbe. Je länger der Lichtweg durch unsere Atmosphäre ist, desto mehr Farben werden herausgefiltert, so dass bei tiefem Sonnenstand nur noch das langwellige Rot zu sehen ist.

Je länger der Lichtweg durch unsere Atmosphäre ist, desto mehr Farben werden herausgefiltert.

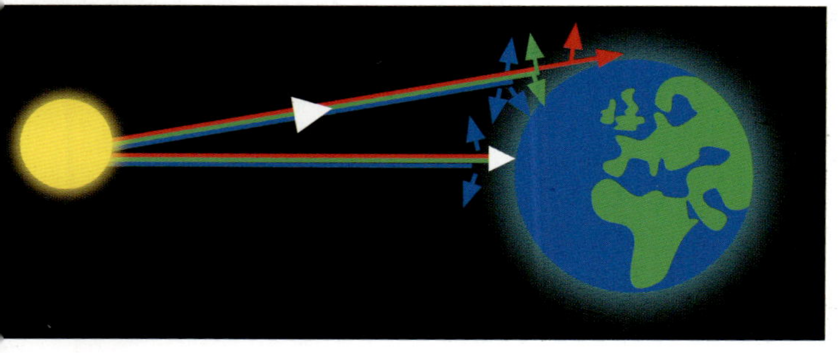

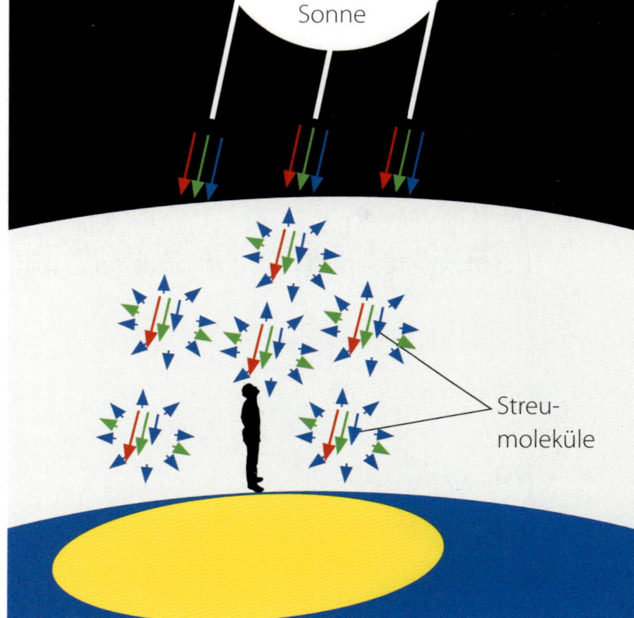

Das kurzwellige, blaue Licht wird über die Rayleigh-Streuung stärker gestreut als die anderen Farbanteile und überlagert diese.

HIMMELSBLAU

Unser Himmel erscheint dann in tiefen, satten Blautönen, wenn die Sonne nicht horizontnah steht und die unteren Luftschichten zudem sauber und wolkenlos sind. Dann legt das Licht den geringsten Weg durch die Atmosphäre zurück. Das Blau wird durch die Rayleigh-Streuung an winzigen Gasmolekülen in alle Richtungen gestreut und erreicht bei trockener und sauberer Luft ungehindert das Auge des Beobachters. Sind viele Dunst- und Staubpartikel in der Luft, werden auch die langwelligen Anteile des Lichtes gestreut und verwaschen das Himmelsblau regelrecht. Der Himmel wirkt dann weißlich oder graublau. Auf höheren Bergen oder vom Flugzeug aus intensiviert sich die blaue Himmelsfarbe wiederum. Ein gutes Kriterium für das Vorliegen einer sog. Rayleigh-Atmosphäre ist übrigens, wenn die Sonne mit dem Daumen abgedeckt werden kann, ohne dass der Himmel daneben weißlich erscheint.

Wenn nur die Rayleigh-Streuung wirken würde, müsste der abendliche hohe Himmel leicht grünlich erscheinen. Tatsäch-

Physikalisch ist Licht ein Strom quantenmechanischer Teilchen, sogenannter Photonen, die vom menschlichen Auge wahrgenommen werden können. Vereinfacht kann Licht als der sichtbare Teil des elektromagnetischen Spektrums bezeichnet werden, zu dem auch Radio-, Mikro- oder Röntgenwellen gehören. Sie unterscheiden sich durch unterschiedliche Wellenlängen, also den Abstand zweier Punkte mit gleicher Phase (also zum Beispiel zwischen zwei benachbarten Wellenbergen oder Wellentälern).

Der vom Menschen wahrgenommene Bereich, das so genannte optische Licht, liegt je nach Empfindlichkeit des menschlichen Auges bei etwa 380 bis 780 Nanometern Wellenlänge. Außerhalb dieses Bereiches kann unser Auge elektromagnetische Strahlung nicht erkennen, so können wir zum Beispiel weder ultraviolettes Licht (unter 380nm) noch infrarote Strahlung (über 700nm) wahrnehmen. Licht mit verschiedenen Wellenlängen erzeugt beim menschlichen Auge unterschiedliche Farbeindrücke. Das Auge hat sich so entwickelt, dass es etwa über eine »Oktave« im hellsten Teil der von der Sonne emittierten Strahlung anspricht. Die kürzeste Wellenlänge von 380nm erzeugt violettes Farbempfinden, das langwellige Rot wird durch eine Wellenlänge von 700nm erzeugt. Allgemein werden sieben Grundfarben des Lichtspektrums unterschieden:

- Rot (650–750nm)
- Orange (585–650nm)
- Gelb (575–585nm)
- Grün (490–575nm)
- Blau (420–490nm)
- Indigo (422–450nm)
- Violett (380–420nm)

An der Grenze von sichtbaren zu nicht sichtbaren Wellenlängen verblassen die Farben allmählich. Beim Übergang in den Infrarotbereich (um 780nm) wird das Purpurrot immer schwächer, beim Übergang in den Ultraviolettbereich (um 380nm) verblasst das Lila. Beobachten kann man dies am besten am Farbspektrum eines Regenbogens, dessen Farben an den Rändern auslaufen.

Sonnenlicht erscheint weiß, da es eine ungefähr gleichanteilige Mischung aller Frequenzen des sichtbaren Spektrums enthält. In der atmosphärischen Optik unterscheidet man allgemein zwischen parallelem Licht punktförmiger Lichtquellen (u. a. auch dem der Sonne) und divergentem (auseinanderstrebenden) Licht irdischer Lichtquellen, bei denen die geometrisch-optischen Erscheinungen für das Auge aus einem spindelförmigen Raumbereich hervorgehen. Die in diesem Buch beschriebenen Erscheinungen beziehen sich fast ausschließlich auf das im Bereich der Erde praktisch parallele Sonnenlicht und entstammen daher kegelförmigen Bereichen.

Gesamtspektrum der elektromagnetischen Wellen mit dem Bereich des visuellen Lichtes und dem Farbempfinden bei verschiedenen Wellenlängen.

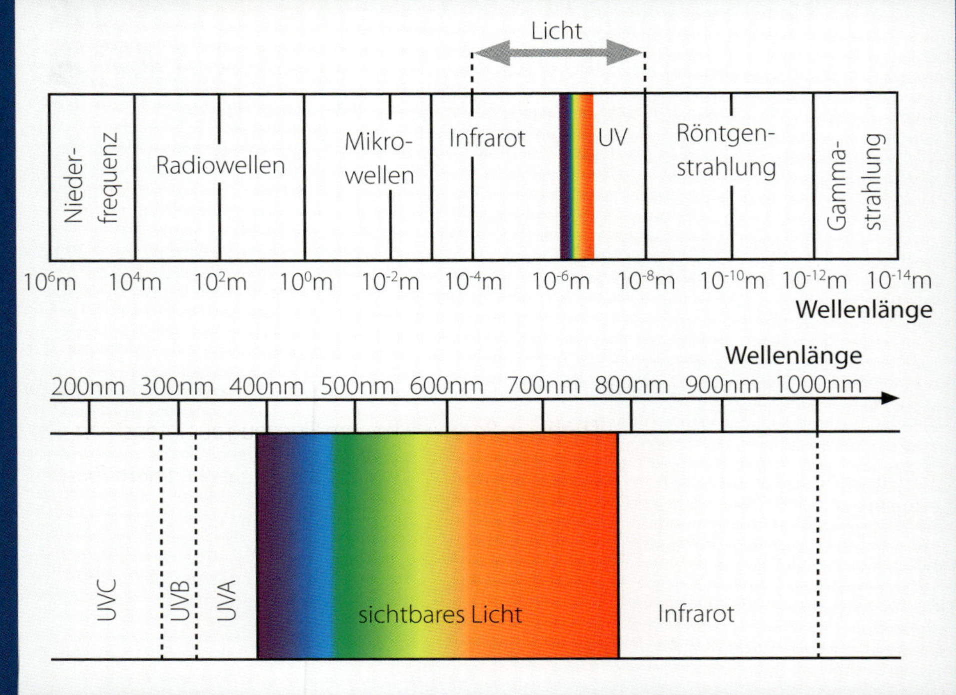

lich stellt man fest, dass der Himmel auch in der Dämmerung oft seine Blaufärbung beibehält. Nach Wegfall des direkten Sonnenlichts ist er dann die Hauptlichtquelle und damit die Ursache der so genannten Blauen Stunde. Erst 1952 konnte der amerikanische Geophysiker Edward Hulburt das Geheimnis lüften und die bleibend blaue Farbe mit dem besonderen Absorptionsverhalten der Ozonschicht in 20 km bis 30km Höhe erklären. Die Chappuis-Absorptionsbande filtert im sichtbaren Licht alle Wellenlängen, die über 450 Nanometer liegen, heraus, darunter auch das Grün. Nur das kurzwellige Blau bleibt übrig und färbt den Dämmerungshimmel. Nach Sonnenuntergang kann man also die Existenz der Ozonschicht mit bloßem Auge erkennen. Am Tag wird dieser Prozess vom Himmelsblau der Rayleigh-Streuung überstrahlt.

DÄMMERUNGSFARBEN

Der Verlauf der Dämmerung beginnt mit dem Sonnenuntergang, wenn sich auf der Gegensonnenseite der Erd-

SEITE 12:

Je sauberer die Luft ist, desto blauer erscheint der Himmel. Im Gebirge ist die Blaufärbung besonders intensiv.

SEITE 13:

Die »Blaue Stunde« wird besonders gern zum Fotografieren genutzt. Das Bild zeigt die ehemalige Wetterwarte auf dem Wendelstein im blauen Dämmerungslicht, welches durch das Ozon entsteht.

STREUUNG VON LICHT

Lichtstreuung ist die Änderung der Ausbreitungsrichtung von Lichtwellen, wenn diese auf ein Hindernis treffen. Die Art des Streuprozesses ist abhängig von der Frequenz bzw. von der Wellenlänge und dem Durchmesser des Streupartikels. Im sichtbaren Lichtspektrum unterscheidet man die Rayleigh-Streuung an Atomen und Molekülen (zum Beispiel Luftmoleküle) und die Mie-Streuung an Flüssigkeitströpfchen oder Staubpartikeln.

RAYLEIGH-STREUUNG

Die Lichtstreuung in der Atmosphäre ist nach dem britischen Physiker John William Strutt Rayleigh (1842–1919) benannt. Rayleigh-Streuung bezeichnet die Streuung an Teilchen, die im Vergleich zur Wellenlänge des Lichtes sehr klein sind. Zudem sind sie weit genug voneinander entfernt, dass zwischen ihnen keine Wechselwirkungen entstehen. Dies ist bei den Gasmolekülen der Atmosphäre der Fall, weshalb die Rayleigh-Streuung auch als Luftstreuung bezeichnet wird. Die Moleküle werden durch die elektromagnetische

Im Gegensatz zur Rayleigh-Streuung findet die Mie-Streuung an größeren Partikeln statt. Die Streuung ist in Vorwärtsrichtung größer als nach hinten oder zur Seite.

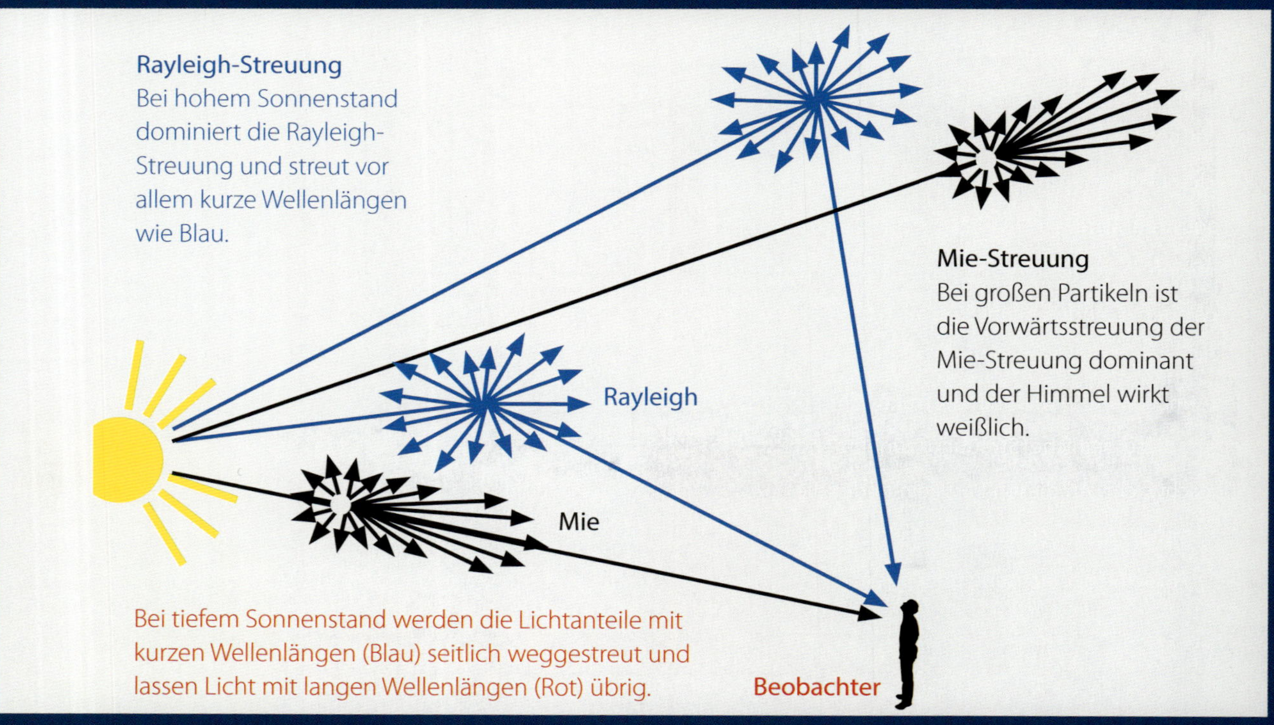

Strahlung der Sonne zum Schwingen angeregt und geben wie eine Sendeantenne (ein so genannter Hertzscher Dipol) ebenfalls Strahlung ab. Die Strahlungsleistung ist dabei umgekehrt proportional zur vierten Potenz der Wellenlänge, was bedeutet, dass die kurzwelligen Blauanteile des Sonnenspektrums etwa 16-mal stärker gestreut werden als die roten. Folglich bewirkt die Rayleigh-Streuung bei Sonnenauf- und Sonnenuntergängen die Rotfärbung, da durch den langen Weg durch die Atmosphäre nur das langwellige Rot noch das Beobachterauge erreicht. Bei hohem Sonnenstand entsteht die typische Blaufärbung der Atmosphäre, da nahezu jeglicher Blauanteil des ankommenden Sonnenlichtes seitlich weggestreut wird.

Eine intensive Blaufärbung findet man allerdings nur bei sauberer Luft. Sind auch größere Partikel wie Staub oder Wassertröpfchen in der Atmosphäre, wird durch destruktive Interferenz diese seitliche Streuung zunehmend abgeschwächt. An diesen Partikeln findet die Mie-Streuung statt, so dass sich beide Streuwellen in seitlicher Richtung überlagern.

MIE-STREUUNG

Wenn Licht an Wassertröpfchen oder anderen in der Luft schwebenden sphärischen Partikeln gestreut wird, deren Durchmesser der Wellenlänge vergleichbar ist, dann ist die Wellenlängenabhängigkeit der Streuung wesentlich schwächer. Je größer die Partikel sind, desto schwächer wird diese Abhängigkeit. Die Theorie wurde nach dem deutschen Physiker Gustav Mie und dem dänischen Physiker Ludvig Lorenz benannt. Sie wird in der Optik zur Erklärung von beispielsweise Regenbogen oder Glorie eingesetzt, aber auch, um die Größe und die Brechzahl der Partikel zu berechnen. Auch das schon erwähnte Verwaschen von Farbeffekten am Himmel und das Weiß der Wolken werden mit der Mie-Streuung erklärt.

Gegenüberstellung Rayleigh-Streuung und Mie-Streuung

Rayleigh-Streuung	Mie-Streuung
erfolgt durch die Luftmoleküle	erfolgt durch Dunst und Wolkentropfen (Durchmesser ca. 10µm)
erzeugt Himmelsblau, da Blau stärker gestreut wird als Rot	erscheint wegen der schwachen Wellenlängenabhängigkeit weiß
aus gleichem Grund erscheint die untergehende Sonne rot (Blau ist ausgestreut)	Wolken oder Dunst erscheinen weiß
Rayleigh-Streuung ist sehr polarisiert (nur eine Polarisationsrichtung) rechtwinklig zur Sonnenstrahlrichtung	bei Luftverschmutzung wirkt der sonst blaue Himmel ausgewaschen

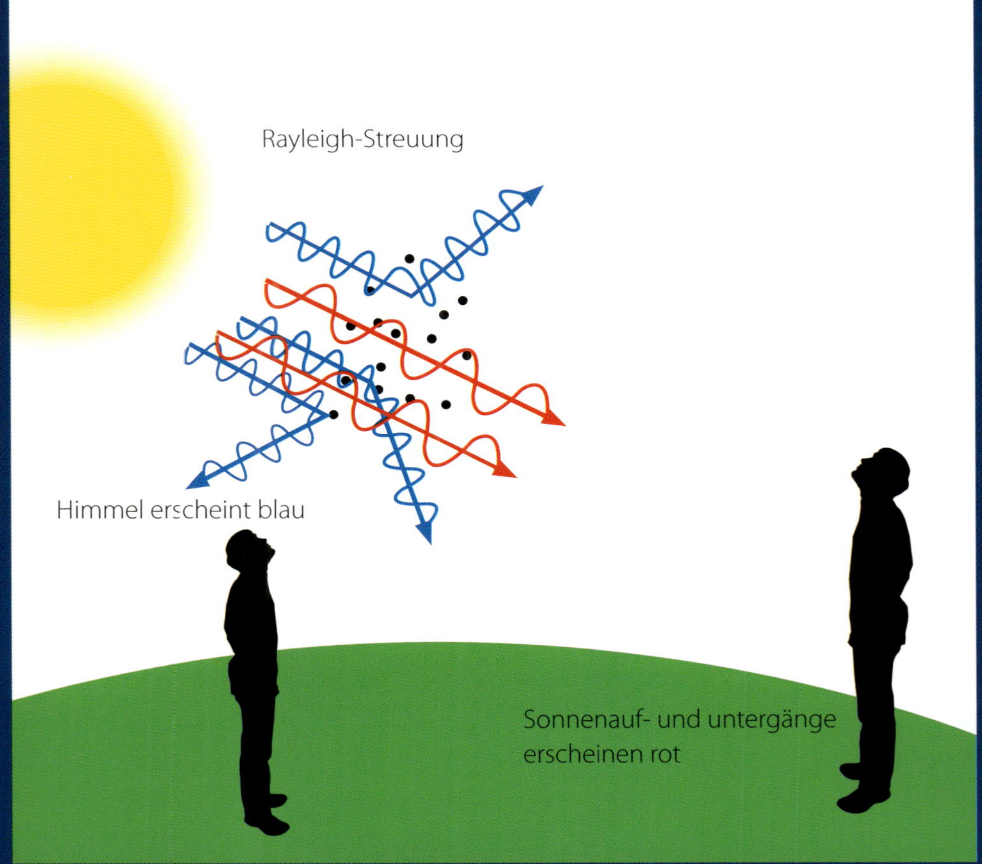

Aufgrund der Rayleigh-Streuung erscheint der Himmel bei hohem Sonnenstand blau und der Sonnenuntergang rot.

schattenbogen gräulich bis blau-violett über dem Horizont erhebt. Kurze Zeit später ziert das Purpurlicht je nach Aerosoldichte zart bis intensiv den Himmel. Das Rot zieht sich schließlich an den Horizont zurück, wo es zusammen mit dem silbernen Streif am Horizont schließlich von der Dunkelheit aufgesaugt wird.

Physikalisch gesehen ist die Dämmerung der Zeitraum, in dem das gestreute Restlicht der bereits unter- bzw. noch nicht aufgegangenen Sonne sichtbar ist. Die Streuung erfolgt sowohl an Wassertröpfchen, Eiskristallen, Staub- und Vulkanaerosolen als auch an den daraus entstandenen chemischen Partikeln wie zum Beispiel Schwefelsäuretröpfchen. Je mehr Aerosole sich in der Atmosphäre befinden, desto farbintensiver wird dabei die Dämmerung. Höhere Aerosolschichten können einzelne Dämmerungsphasen zudem verlängern, da diese noch längere Zeit direkt von der Sonne beleuchtet werden und einen Teil des durchdringenden Sonnenlichts in die Richtung des Beobachters streuen. Der größte Teil des gestreuten Lichts wird nur wenig aus seiner ursprünglichen Richtung abgelenkt und der Beobachter erblickt daher das hellste (überwiegend rötliche) Leuchten, wenn er in die Richtung schaut, in der die Sonne knapp unter dem Horizont steht. Licht, das den Beobachter aus anderen Richtungen des Himmels erreicht, ist um größere Winkel gestreut worden, was mit geringerer Intensität und mehr Blauanteil geschieht. Sonnenfernere Himmelsregionen erscheinen daher zunehmend dunkler.

Die Dämmerungserscheinungen sind für den Sonnenuntergang beschrieben, gelten in umgekehrter Reihenfolge aber auch für den Aufgang.

Die Dämmerungsphasen beziehen sich auf die geometrische Höhe der Sonne unterhalb des Horizonts. Die Refraktion und andere Einflüsse auf die beobachtete Sonnenposition bleiben unberücksichtigt.

BÜRGERLICHE DÄMMERUNG

Wenn die Sonne untergegangen ist, setzt die bürgerliche Dämmerung ein. Zu Beginn der ersten Phase, der hellen Dämmerung, erscheint am Horizont ein heller, schmaler Streifen von meist weißer bis gelblicher Farbe. Kurze Zeit später, bei einer Sonnentiefe von ca. –2°, färbt sich der unterste Horizont über der Sonne rot bis orange, da sich mit sinkender Sonne der Lichtweg der Sonnenstrahlung durch die Atmosphäre verlängert. Dadurch vergrößert sich ihre spektrale Schwächung, das blaue Licht wird mehr und mehr durch Streuung aus dem Strahlungsweg herausgefiltert.

Auf der Gegenseite erhebt sich langsam der Erdschattenbogen. Da die direkte Sonnenstrahlung die untersten Schichten der Atmosphäre nicht mehr erreicht, wird von ihnen bedeutend weniger Licht zurückgeworfen als von den noch von Licht durchfluteten höheren Atmosphärenschichten. Die graublaue Farbe wird durch die Ozonschicht beeinflusst, welche als regelrechter Blaufilter fungiert. Nach oben hin schließt sich durch einen purpurnen Farbsaum, den so genannten Hauptdämmerungsbogen, die Gegendämmerung an. Die Färbung ist nur schwach ausgeprägt, da die Rückwärtsstreuung des Dämmerungslichtes an den Luftmolekülen der Sonnengegenseite nur gering ist.

Ab einer Sonnentiefe von –2° beginnt die Hauptpurpurdämmerung und helle Planeten wie Venus und Jupiter werden sichtbar. Etwa 20° über dem Sonnenhorizont erhält die Atmosphäre oberhalb von etwa 2km bis 8km Höhe noch direktes Sonnenlicht. In dieser Höhe befinden sich manchmal Schichten von Saharastaub (ca. 5–10km), sog. »Non-Visible Cirrus Clouds« (10–15km) oder Vulkanaerosolen (15–25km), die nun in meist gelbrötlichem Licht aufleuchten und oftmals als Projektionsflächen von entfernten Wolken- oder Bergschatten dienen. Die dadurch entstehenden Crepuscularstrahlen können von der unter dem Horizont stehenden Sonne ausgehend über den gesamten Himmel bis zum Sonnengegenpunkt verlaufen.

Aber auch ohne die zusätzlichen Aerosolschichten beginnt nun das faszinierende Naturschauspiel des Purpurlich-

Hauptphasen der Dämmerung

Abschnitt	Sonnentiefe	Nebendämmerungen	Erscheinungen
Bürgerliche Dämmerung	0° bis –6°	Helle Dämmerung Hauptpurpurdämmerung	Erdschattenbogen, Purpurlicht, Beginn Blaue Stunde
Nautische Dämmerung	–6° bis –12°	Zwischendämmerung	Nachpurpurlicht, Blaue Stunde
Astronomische Dämmerung	–12° bis –18°	Farbarme Dämmerung	Leuchtende Nachtwolken

tes, dessen Intensität von der Dichte der Aerosole in der Atmosphäre bestimmt wird. Das Licht der unter dem Horizont verschwundenen Sonne hat die unteren atmosphärischen Schichten auf langem Weg passiert und ist demnach ausschließlich rot. Aerosole in nennenswerter Konzentration streuen dieses Licht dann in Richtung des Beobachters. Das Hinzutreten blauen Hintergrundstreulichts aus etwas größeren Höhen bewirkt dann die purpurne Mischfarbe aus diesem Streukegel. Das sog. Hauptpurpurlicht zeigt sich in hell- bis scharlachroter Farbe bei einer Sonnentiefe von –2° bis in 30° Höhe über dem Horizont. Im Maximum bei –4° Sonnentiefe hat es eine ovale Form und eine horizontale Ausdehnung von 40°. Steht die Sonne 6° unter dem Horizont, verblasst das Purpurlicht ziemlich schnell.

Gegenüber der Sonne erreicht bei einer Sonnentiefe von –2° bis –3° die Gegendämmerung ihre höchste Intensität und wird als obere Gegendämmerung bezeichnet, gleichzeitig verschwimmt die Grenze zum Erdschattenbogen zunehmend. Steht die Sonne 4° bis 5° unter dem Horizont, kann die seltene untere Gegendämmerung im Erdschattenbogen beobachtet werden. Dabei handelt es sich um einen blassrötlich gefärbten Saum, der das Purpurlicht widerspiegelt.

NAUTISCHE DÄMMERUNG

Die nautische Dämmerung schließt sich an die bürgerliche Dämmerung an und endet, wenn die Sonne 12° unter dem Horizont steht. Das Geschehen konzentriert sich nun auf die Sonnenseite, wo in seltenen Fällen ein schwaches Nachpurpurlicht zu beobachten ist. Der schwache, leicht purpurfarbene Schein ist bei –9° Sonnentiefe und 20° Höhe am intensivsten und bedarf einer ungetrübten untersten Atmosphärenschicht. Direkt am Horizont hebt sich der mittlerweile glutrote Dämmerungsstreifen kontrastreich gegen den meist tiefblauen Dämmerungshimmel ab. Auf der Gegenseite ist der Himmel schon fast schwarz und einzelne Sternbilder können schon beobachtet werden.

ASTRONOMISCHE DÄMMERUNG

Die astronomische Dämmerung folgt der nautischen Dämmerung. In den Sommermonaten ist in diesem Dämmerungsabschnitt manchmal das Phänomen der Leuchtenden Nachtwolken zu beobachten, einer wolkenähnlichen Schicht in 81–85km Höhe, die bis zu einer Sonnentiefe von –16° direkt beschienen wird. In Nord- und Mitteldeutschland kommt es während der Sommersonnenwende zur Mitternachtsdämmerung, da auf allen geografischen Breitengraden größer als 48,5° die astronomische Dämmerung nicht erreicht wird, denn die Sonne steht während der ganzen Nacht nicht mehr tief genug unter dem Horizont.

Die astronomische Dämmerung endet, wenn die Sonne 18° unter dem Horizont steht. Erst dann ist es wirklich dunkel, die Lichtbrechung in der Atmosphäre führt zu keiner nennenswerten Aufhellung mehr. Erst nach Ablauf der astronomischen Dämmerung kann man alle Sterne, die prinzipiell mit bloßem Auge sichtbar sind, auch tatsächlich sehen. Im Winter tritt in mittleren Breiten etwa zwei Stunden nach Sonnenuntergang komplette Dunkelheit ein.

SEITE 16/17 OBEN:

Nach Sonnenuntergang erhebt sich auf der Sonnengegenseite der blaugraue Erdschattenbogen.

SEITE 16 UNTEN:

Intensiver Erdschatten mit Anticrepuscularstrahlen auf dem Wendelstein.

SEITE 17 UNTEN:

Intensive Dämmerungsfarben und Crepuscularstrahlen an der bis zu 22km hohen Vulkanaerosolschicht nach Ausbruch des Kurilen-Vulkans Sarytschew im Juli 2009. Aufgenommen im September 2009 auf dem Wendelstein.

SEITE 18/19 OBEN:

Leuchtende Nachtwolken in der astronomischen Dämmerung.

SEITE 18/19 UNTEN:

Hauptpurpurlicht über der Lausche im Zittauer Gebirge.

SEITE 20:

Intensives Purpurlicht nach dem Ausbruch des Pinatubo im Jahre 1991. Das Purpurlicht war bis ein Jahr nach dem Vulkanausbruch beobachtbar.

SEITE 21:

Schwaches Nachpurpurlicht und letzter silberner Streif am Horizont. Darüber sind in der zunehmenden Dunkelheit der Mond, Jupiter und Venus schon gut zu erkennen.

MORGEN- UND ABENDROT

Morgen- und Abendrot gehört zu den eindrucksvollsten Himmelsphänomenen. Die Bezeichnung wird dann verwendet, wenn sich Wolken während oder kurz nach Sonnenuntergang bzw. vor Sonnenaufgang intensiv rot färben. Es entsteht somit in tieferen Schichten als das Purpurlicht, welches bei wolkenlosem Himmel zu sehen ist.

Die Entstehung ist allerdings ähnlich: Das Licht der tief stehenden Sonne trifft sehr flach auf die Atmosphäre. Durch den langen Lichtweg werden alle Farben mit kürzeren Wellenlängen herausgefiltert, so dass nur noch das langwellige Rot übrig bleibt. Besonders hoch ist die Lichtstreuung bei dunstiger Atmosphäre, also zum Beispiel dann, wenn ein Regengebiet ansteht oder kurz nachdem es durchgezogen ist. Dann wird das rote Licht an den Wassertröpfchen zusätzlich in alle Richtungen gestreut. Die Wolken werden vom roten Licht direkt angestrahlt, die tiefen Wolken zum Sonnenuntergang und die mittelhohen und hohen Wolken je nach Höhe entsprechend länger. Am schönsten ist Abendrot an mittelhohen Altocumulusfeldern in 3–5km Höhe ca. 10–30 Minuten nach Sonnenuntergang zu sehen.

»Morgenrot, Schlechtwetter droht, Abendrot, Schönwetterbot« – so oder so ähnlich wird in vielen Bauernregeln das Morgen- und Abendrot als Indiz für eine Wetteränderung gesehen. Solche Wetterregeln beruhen oft auf jahrelanger Himmelsbeobachtung von Landwirten. Und tatsächlich bringen feuchte Luftmassen am Morgen durch Sonneneinstrahlung und Thermik nicht selten Regen. Abendrot entsteht häufig, wenn ein Niederschlagsgebiet durchgezogen ist. In unseren Breiten folgt auf ein Tiefdruckgebiet in vielen Fällen Hochdruckeinfluss, welcher dann für schönes Wetter am Folgetag sorgt.

BLAUE BERGE UND ALPENGLÜHEN

Im Gebirge ist die im Tagesverlauf unterschiedlich starke Lichtstreuung in unserer Atmosphäre ebenfalls zu beobachten. Tagsüber erscheinen bei klarem Wetter die Berge in einiger Entfernung häufig blau, denn das Licht wird auch an den Luftteilchen gestreut, die sich zwischen umliegenden Bergen und dem Beobachterauge befinden. Je größer die Entfernung, desto größer der Lichtweg durch die untere Luftschicht und umso mehr Partikel streuen blaues Licht in Richtung unserer Augen.

Auch das rote Licht, welches bei flachem Sonnenwinkel auf dem langen Weg durch unsere Atmosphäre übrig bleibt, wird an den Bergen widergespiegelt. Da der Lichtweg bei sinkendem Sonnenstand immer länger wird, wird das rote Glühen der Berge intensiver, je höher sie sind. Wer einmal im Leben das unglaublich tiefrote Leuchten des Mt. Everest erlebt hat, wird es wohl nie mehr vergessen können.

BEOBACHTUNG UND FOTOGRAFIE

Die einzelnen Phasen der Dämmerung sind am besten bei wolkenlosem, klarem Himmel und einem erhöhten Standpunkt mit Rundumblick zu beobachten. Die Fotografie der einzelnen Erscheinungen erfordert eine Kamera mit Möglichkeit zur Langzeitbelichtung und ein Stativ. Im Automatikmodus versucht die Kamera, die zunehmende Dunkelheit auszugleichen. Zarte Dämmerungsfarben vor allem im Gegensonnenbereich werden so schnell überbelichtet. Deshalb muss die Belichtung manuell nach unten justiert werden. Am besten ist es, die Bilder ständig zu überprüfen und die Belichtungszeiten gegebenenfalls anzupassen. Schwache Crepuscularstrahlen sollten im Rohdatenformat (RAW) fotografiert werden, um sie später mit Hilfe eines Bildbearbeitungsprogrammes qualitätsverlustfrei im Kontrast anzuheben. Eine Kontrasterhöhung in den Kameraeinstellungen ist hier nicht zu empfehlen, da der helle Dämmerungsstreifen sonst schnell ausbrennt.

Wenn es nach einem Niederschlagsgebiet am späten Nachmittag allmählich aufklart, ist Abendrot sehr wahrscheinlich. Morgen- und Abendrot eignen sich sehr gut für romantische Fotos. Es rentiert sich also, einen schönen Vordergrund, etwa einen See, einen einzelnen Baum, einen Kirchturm oder ein anderes interessantes Vordergrundmotiv zu suchen. Auch Personen wie zum Beispiel ein Liebespaar können sehr reizvolle Bildelemente sein. Diese erscheinen später auf dem Bild als schwarze Silhouetten. Die Automatikeinstellung ist bei Abendrot komplett ungeeignet. Wenn eine manuelle Belichtung möglich ist, muss unterbelichtet werden. Kompaktkameras lassen sich oft überlisten, in dem man die Messmethode »Spotmessung« auswählt und den Messpunkt in unmittelbarer Sonnennähe selektiert. Dann versucht die Kamera, die Helligkeit auszugleichen, und geht mit der Belichtung zurück.

SEITE 23:

Morgenrot an mittelhohen Altocumuluswolken.

SEITE 24:

Abendrot an hohen Cirruswolken.

SEITE 25:

Je weiter die Berge entfernt sind, desto blauer erscheinen sie.

SEITE 26:

Bergschatten und Alpenglühen im ersten Morgenlicht.

SEITE 27:

Intensives Glühen des Mt. Everest nach Sonnenuntergang.

LICHT UND SCHATTEN

In der freien Atmosphäre entstehen Schatten immer dann, wenn das direkte Sonnenlicht auf dem Weg zum Beobachterauge auf ein Hindernis trifft. Sind zudem in der Luft sehr viele Aerosole wie Wassertröpfchen oder Staubpartikel vorhanden, wird das Licht reflektiert oder absorbiert und die Schatten werden wie auf einer Leinwand abgebildet. Eine nahezu ebene Projektionsfläche wie eine Dunst- oder Wolkenschicht bildet dabei die Schatten schärfer und kontrastreicher ab als Partikel, die gleichmäßig im dreidimensionalen Raum verteilt sind. Dann wirkt der Schatten eher diffus und kontrastarm und lässt sich nur schwer beobachten.

Die Größe des Schattenbildes wird vom Abstand zwischen Lichtquelle und Leinwand bestimmt, aber auch vom Einfallswinkel des Lichtes. Die imposantesten Licht- und Schattenspiele sind deshalb bei sehr tiefem Sonnenstand zu beobachten.

SCHATTEN IN SONNENGEGENRICHTUNG

Der Schatten eines jeden Körpers fällt immer geradlinig in Sonnengegenrichtung. In der Regel wird er auf festem Untergrund, also auf dem Boden oder einer Wand abgebildet. Schon in der Antike hat man sich dieses Prinzip zunutze gemacht und den Schatten eines ausgerichteten Polstabes auf ein skaliertes Ziffernblatt fallen lassen. Aufgrund der Erdrotation bewegte sich der Schatten im Tagesverlauf und ermöglichte auf diese Weise die Bestimmung der Tageszeit. Anfangs waren solche Sonnenuhren so genannte »Mittagsweiser« und markierten den höchsten Stand der Sonne. Später wurde die Skalierung immer präziser. Moderne Sonnenuhren ermitteln die Ortszeit zum Teil auf die Minute genau.

In der freien Atmosphäre wird der Schatten oft auf einer Nebel- oder Dunstwand abgebildet. Allerdings kann man nur, wenn man selbst das Hindernis ist, oder sich das Hindernis in unmittelbarer Nähe befindet bzw. größer ist als man selbst, die Schattenwürfe direkt beobachten. Besonders eindrucksvoll ist ein Sonnenaufgang auf einem Berggipfel, wenn sich der scheinbar unendlich lange Schatten des Berges in Täler oder auf einer tiefer liegenden Dunstschicht abzeichnet.

SCHATTEN IN SONNENRICHTUNG

In der Natur sieht man am häufigsten Schatten in Sonnenrichtung. Sie entstehen dann, wenn sich zwischen Sonne und Beobachter ein Hindernis befindet. Sind Aerosole in nennenswerter Dichte zwischen dem Hindernis und dem Beobachter vorhanden, legt sich der Schatten des Hindernisses auf sie. Dabei unterscheidet man hauptsächlich zwei Erscheinungen: Das scheinbar fächerartige Licht- und Schattenspiel um die Sonne und die direkten Schatten von Wolken, Masten oder Bergen, die von der tief stehenden Sonne auf eine meist höher liegende Wolken- oder Dunstschicht geworfen wird.

Für den ersten Effekt werden verschiedene Bezeichnungen verwendet. Im morgendlichen Wald, wo die Nebel aufsteigen, sieht man häufig einen Strahlenkranz um die Sonne. Werden

Sonnenuhr an der Kirche in Brannenburg (Oberbayern).

die Schatten durch Wolken hervorgerufen, ist von Wolkenstrahlen die Rede. Wenn bei tief stehender oder bereits untergegangener Sonne Schatten von horizontnahen Hindernissen auf höhere Aerosolschichten geworfen werden, spricht man von Dämmerungsstrahlen bzw. im Sonnengegenpunkt von Gegendämmerungsstrahlen. Wissenschaftlich werden die Licht- und Schattenstrahlen als Crepuscularstrahlen zusammengefasst. Diese können bei optimalen Bedingungen von der Sonne ausgehend über den gesamten Himmel verlaufen und sich im Sonnengegenpunkt wieder vereinen.

Wenn Schatten auf eine Wolken- oder Dunstschicht geworfen werden, können mitunter kuriose Bilder entstehen. Befindet man sich selbst am Rande des Schattenbereiches, also etwas abseits der geraden Linie Sonne-Beobachter-Hindernis, wird der Schatten schräg abgebildet, so dass Türme scheinbar einen zweiten Mast bekommen oder dieser als

PERSPEKTIVE DER CREPUSCULARSTRAHLEN

Crepuscularstrahlen entstehen, wenn ein Hindernis Teile des Sonnenlichtes verdeckt. Nur durch Lücken in Wolken, Bergen oder Bäumen kann sich das Licht ausbreiten, die Bereiche dazwischen liegen im Schatten. Um die Lichtstrahlen sichtbar zu machen, müssen Aerosole vorhanden sein. An diesen Teilchen wird das Sonnenlicht stark gestreut und die Luft erscheint weißlich-trüb. So entsteht ein starker Kontrast zwischen den hellen Luftbereichen im direkten Sonnenlicht und den dunklen im Schatten. Am häufigsten sind Crepuscularstrahlen also bei Nebel oder nach Niederschlägen, aber auch bei hoher Staubkonzentration wie beispielsweise bei Saharastaubverfrachtung zu sehen.

Visuell nimmt man die Strahlen als Lichtbüschel wahr, die in der Sonne bzw. im Gegensonnenpunkt zusammenlaufen. Dieser Eindruck ist ein perspektivischer Effekt. Parallele Linien werden nur dann als parallel empfunden, wenn sie in einer Ebene liegen. Die Crepuscularstrahlen überspannen stattdessen scheinbar den spindelförmigen dreidimensionalen Raum und münden in den beiden Fluchtpunkten Lichtquelle und Gegenpunkt. Einen ähnlichen Effekt kann man bei Schienen und geraden Straßen beobachten, die in der Ferne zusammenlaufen. Auch in der Fotografie findet man häufig aufeinander zulaufende Kanten an Objekten, die in Wirklichkeit parallel sind. Hier sind solche perspektivischen Effekte als stürzende Linien bekannt und treten vor allem bei nahen Aufnahmen hoher Gebäude oder gerader Straßenzüge auf.

Schaut man im dreidimensionalen spindelförmigen Raum zur Lichtquelle, sieht man die Licht- und Schattenstrahlen strahlenförmig auseinanderlaufen.

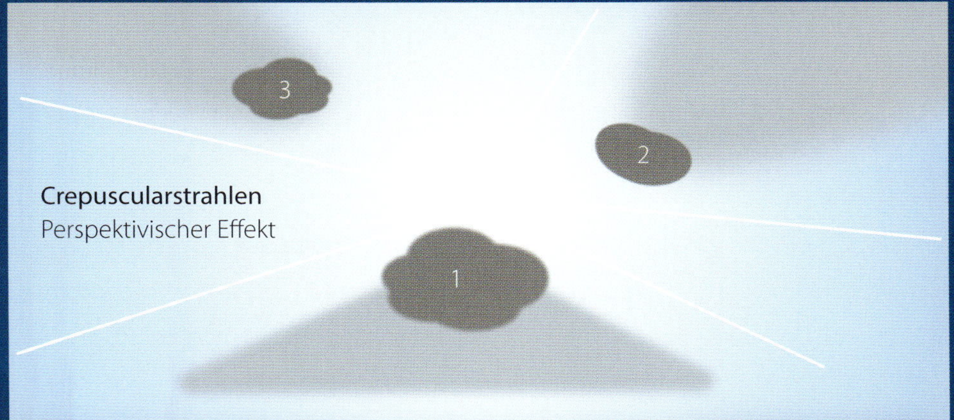

Unterschiedliche Hindernisse erzeugen unterschiedliche Schattenmuster. In diesem Beispiel sieht man die abweichenden Muster unterschiedlicher, hintereinander liegender Berge und von Wolken während eines Sonnenuntergangs auf der Zugspitze.

Straße, die in der Ferne scheinbar zusammenläuft.

Stürzende Linien an der Frauenkirche in München. Die Türme scheinen nach oben hin zusammenzulaufen.

schräge Fortsetzung nach oben verläuft. Bizarr werden die Schattenbilder auch, wenn sie auf verschiedene Wolkenschichten geworfen werden oder das Abbild gar auf durchscheinenden Wolken- oder Nebelfetzen zu sehen ist, die vor dem Hindernis vorüberziehen.

In den Alpen sind an dunstigen Herbsttagen bei tief stehender Sonne nicht selten die nach oben projizierten Schattenbilder von Bergen zu sehen, die sich meist strahlenförmig am Himmel fortsetzen. Im Volksmund ist dieses Phänomen als Götterschatten bekannt, weil nach dem Volksglauben die Schatten und Strahlen immer dahin weisen, wo die Götter wohnen.

Wer solch ein Schattenspiel live erleben möchte, der sollte in einer Nebelnacht eine künstliche Lichtquelle hinter einem höheren Hindernis (zum Beispiel Leitungsmast) platzieren und sich im Bereich des Schattenbildes leicht hin- und herbewegen. Dann wird der Mast nach oben hin durch einen Schattenstrahl quasi fortgesetzt, den man durch Bewegung und Änderung der Augenhöhe entsprechend wandern lassen kann. Natürlich kann man bei entsprechenden Bedingungen auch die Sonne perspektivisch hinter Masten platzieren und sich an den bizarren Schattenspielen erfreuen.

SCHATTEN VON KONDENSSTREIFEN

Interessante Schattenspiele liefern auch Kondensstreifen. Je nach Perspektive sieht man die Schatten seitlich versetzt, dem Flugzeug vorauseilend oder sogar geradlinig weiterlaufend, wenn der eigentliche Kondensstreifen die Richtung wechselt. Normalerweise wird der Schatten immer auf einer tiefer liegenden Wolken- oder Dunstschicht abgebildet. Nur wenn sich der Beobachter selbst über einer Wolkenschicht befindet, kann er auf dieser auch nach unten gerichtete Schattenwürfe sehen.

LOCHKAMERA-EFFEKT-SCHATTEN

Die runden »Sonnentaler«, die sich unter Bäumen auf dem Waldboden bilden, entstehen nach dem Lochkamera-Prinzip. Dabei fungieren die Zwischenräume in den Ästen und Blättern der Baumkrone als große Lochblenden und bilden die Sonne als verschwommene Kreisscheiben ab.

Die Lochkamera ist ein dunkler Behälter und die älteste Vorrichtung, Abbilder eines Gegenstandes zu erzeugen. Fällt Licht durch ein kleines Loch, dann überkreuzen sich die Lichtstrahlen und erzeugen auf der gegenüberliegenden Seite ein auf dem Kopf stehendes Abbild. Der kleine Durchmesser der Blende beschränkt die Lichtbündel auf einen kleinen Öffnungswinkel und verhindert die vollständige Überlappung der Lichtstrahlen. Das Bild ist aber dennoch nicht völlig scharf, da die Optik fehlt, die normalerweise das Licht bündelt. Die Größe des Lochs bestimmt dabei die Bildschärfe, je kleiner das Loch, desto schärfer, aber auch lichtschwächer wird die Abbildung. Je größer die Distanz vom Loch zur Fläche, umso größer wird die Abbildung. Befindet sich das Loch genau in der Mitte zwischen Objekt und Fläche, dann erfolgt die Abbildung in Originalgröße.

Da die Sonne rund ist, sind auch die Sonnentaler in der freien Natur rund. Deshalb werden sie kaum mit dem Lochkamera-Effekt in Verbindung gebracht. Erscheint aber bei einer Sonnenfinsternis unser Tagesgestirn nur noch als Sichel, dann sind Spielereien mit Lochblenden (zum Beispiel Küchensieb) sehr eindrucksvoll, da sie das Abbild unzähliger »Sichelmonde« zeigen.

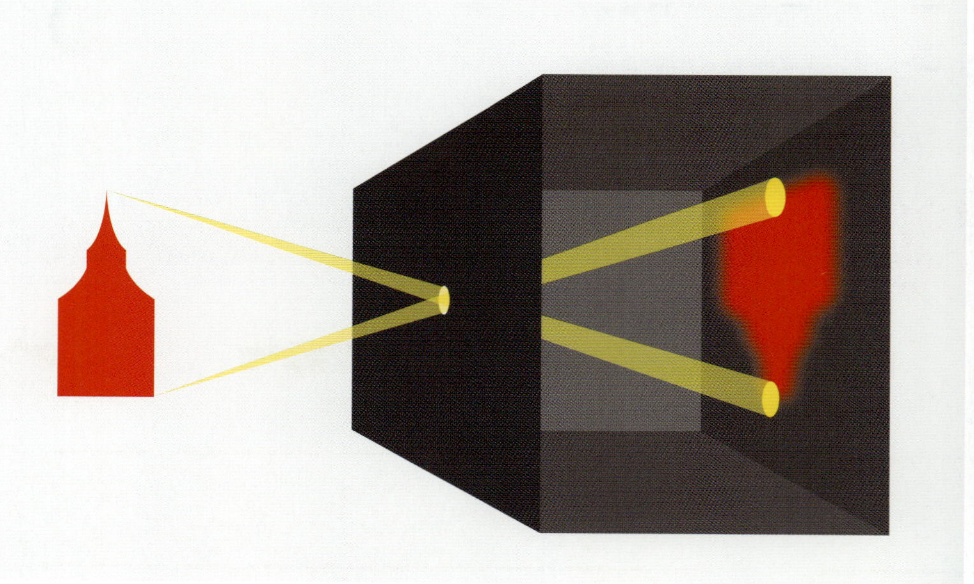

Illustration des Lochkameraprinzips. Da die Löcher (also vor allem auch Blenden) in der Praxis nicht unendlich klein sein können, entsteht eine Unschärfe.

SELBSTBAU EINER LOCHKAMERA

Mit einfachsten Mitteln wie einer Keksdose, Bierbüchse oder Filmdose kann man sich selbst eine Lochkamera basteln. Die Dosen dienen dabei als Gehäuse, ein einfaches Loch als Objektiv und Schwarzweißfotopapier als Sensormedium. Das Loch sollte im Größenbereich der Filmbüchsen bis Keksdosen sehr klein mit dünner Nadel gestochen werden (0,1–0,3mm). Den Innenraum sprüht man mattschwarz. Bei den Filmdosen ist ein großes Loch von Vorteil, vor das man eine dünne Metallfolie mit dem kleinen Loch davor klebt.

Die Kamera wird so installiert, dass das Sonnenlicht durch das Loch auf das Fotopapier fallen kann. Bei ca. halbstündiger Belichtung bei Sonnenschein kann man anschließend »normale Aufnahmen« entwickeln (z. B. mit »Caffenol«, einer alternativen Entwicklerflüssigkeit auf der Basis von Kaffeesäure) und fixieren. Bei längerer Belichtung über Wochen oder Monate entsteht auch ohne chemische Verstärkung genügend Silber, um das Motiv auf dem Fotopapier abzubilden. Interessanterweise ist das Bild farbig, da fein verteilte Silberpartikel je nach Größe farbiges Licht zurückstreuen.

Dieses Verfahren nennt man Solargraphie, da es vor allem dazu genutzt wird, um die Spuren der Sonnenbewegung darzustellen. Allerdings hat diese Anwendung eher einen künstlerischen Anspruch. Da das Fotopapier durch den Feuchtigkeitswechsel leidet und sich sogar teilweise zersetzt, haben die Aufnahmen für die Wissenschaft keinen großen Nutzen.

Farbige Langzeitaufnahme mit den Lichtspuren der Sonne.

Selbstgebaute Lochkamera aus einer Bierdose.

Entwickeltes und fixiertes Bild einer Kurzzeitaufnahme.

SEITE 32 OBEN:

Schatten der Zugspitze auf eine morgendliche Dunstschicht projiziert.

SEITE 32 UNTEN:

Schatten des Wendelsteins im Leitzachtal.

SEITE 33:

Ungewöhnliche Form des Brockengespenstes – der Schatten eines künstlich beleuchteten Turmes wird auf eine dichte, höher gelegene Wolkenschicht projiziert.

SEITE 34 OBEN:

Crepuscularstrahlen, die von der Sonne ausgehend über den gesamten Himmel reichen und im Sonnengegenpunkt wieder zusammenlaufen.

SEITE 34 UNTEN:

Intensive Crepuscularstrahlen an einem Berg, dessen Schatten auf einer höher gelegenen Dunstschicht abgebildet werden.

SEITE 35:

Morgendlicher Strahlenkranz im Nebel.

SEITE 36/37:

Intensive Wolkenschatten.

SEITE 38/39:

Kuriose Schattenbilder am Fernsehturm in Düsseldorf.

SEITE 40:

Schattenbild des Wendelsteins, welches von der darüber stehenden Sonne auf Wolkenfetzen vor dem Berg abgebildet ist.

SEITE 41:

In eine höher gelegene Dunstschicht projizierter Schatten des Breitensteins.

SEITE 42:

Kranz um die Sonne und Schattenspiel in vorbeiziehenden Nebelfetzen am Windmast der Wetterwarte Zugspitze.

SEITE 43:

Schatten eines Mastes an den Kristallwolken einer Schneekanone.

SEITE 44:

Kondensstreifen und ihre Schatten auf Dunstschicht und tiefer liegender Wolkenschicht.

SEITE 45:

Kondensstreifenschatten, der einmal in Dunst und ein zweites Mal auf einer tiefer liegenden Wolkendecke abgebildet wird.

SEITE 46/47:

Lochkameraeffekte während der ringförmigen Sonnenfinsternis am 3.10.2005 über Madrid.

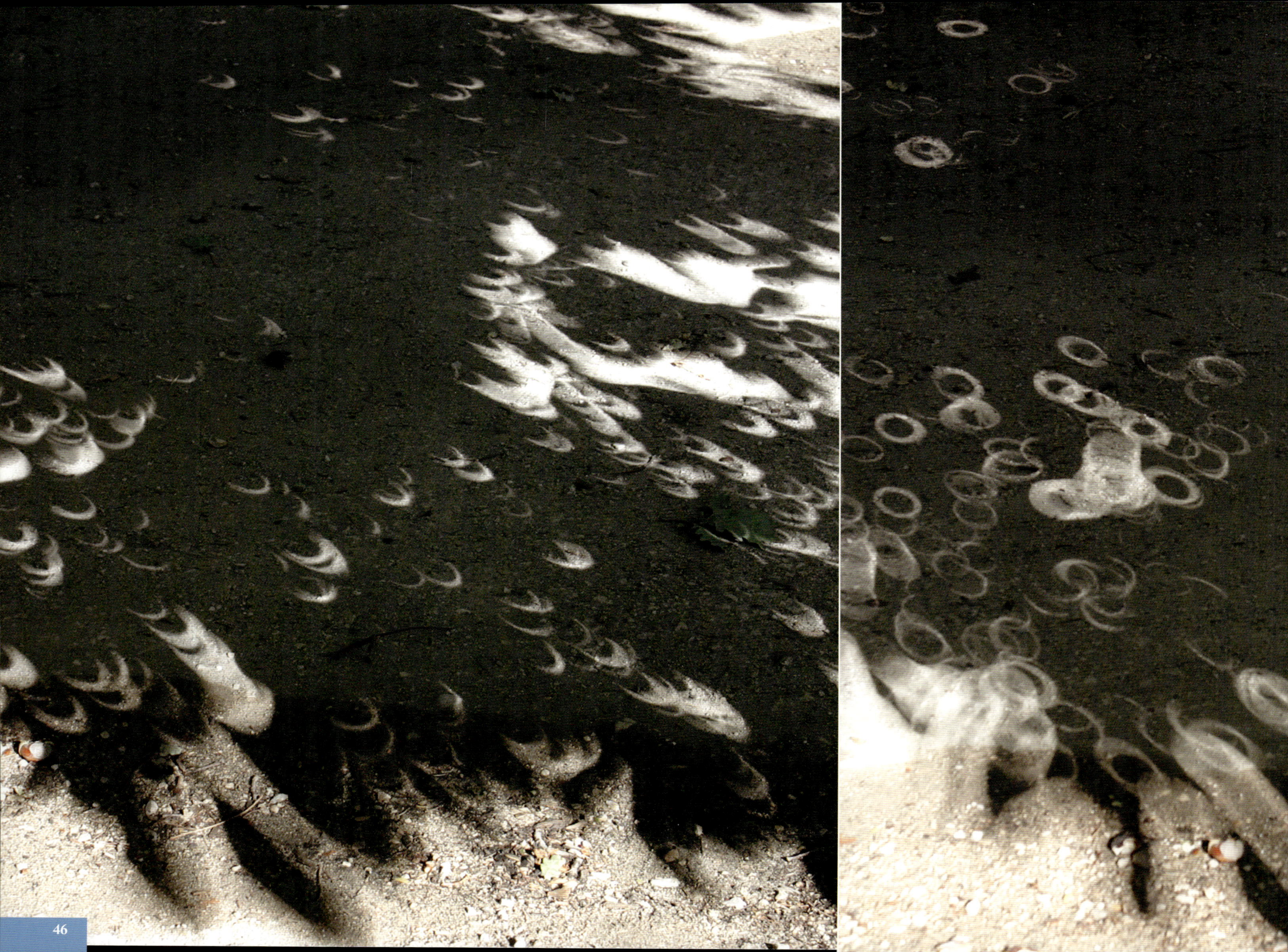

HEILIGENSCHEIN UND OPPOSITIONSEFFEKT

Eine faszinierende Erscheinung ist der Heiligenschein. Diese kreisförmige Aufhellung ist sowohl im Sonnen- als auch im Mondlicht auf einer taubedeckten Wiese um den Kopf des Beobachterschattens zu beobachten. Die Aufhellung wird deutlicher, wenn eine zweite Person daneben steht, deren Kopfschatten dunkel bleibt. Auch der Schatten der erhobenen Hand oder der eines anderen Gegenstandes besitzt aus Beobachtersicht diese Aufhellung nicht. Durch Bewegung des Beobachters lässt sich der Heiligenschein ebenso verdeutlichen, denn er wandert immer mit.

Für die Entstehung sind die Tautröpfchen verantwortlich. Wie kleine Linsen fokussieren sie das Sonnenlicht auf den Grashalmen und Pflanzenblättern im Hintergrund. Dieses Licht wird auf der geraden Verbindungslinie Lichtquelle, Beobachter und Schatten direkt in unser Auge zurückgestreut, so dass der Beobachter den Heiligenschein nur um seinen eigenen Schatten beobachten kann. Besonders intensiv wird die Aufhellung auf Pflanzen, deren Blätter behaart sind und die Tröpfchen somit einen kleinen Abstand zum Hintergrund haben. Die »Erhöhung« des Beobachterauges, also die Beobachtung von einem Gebäude oder von einem Berg, verstärken den Aufhellungseffekt ebenfalls, da sich durch das größere Gesichtsfeld die Lichtbündelung unverkennbar vom Untergrund abhebt.

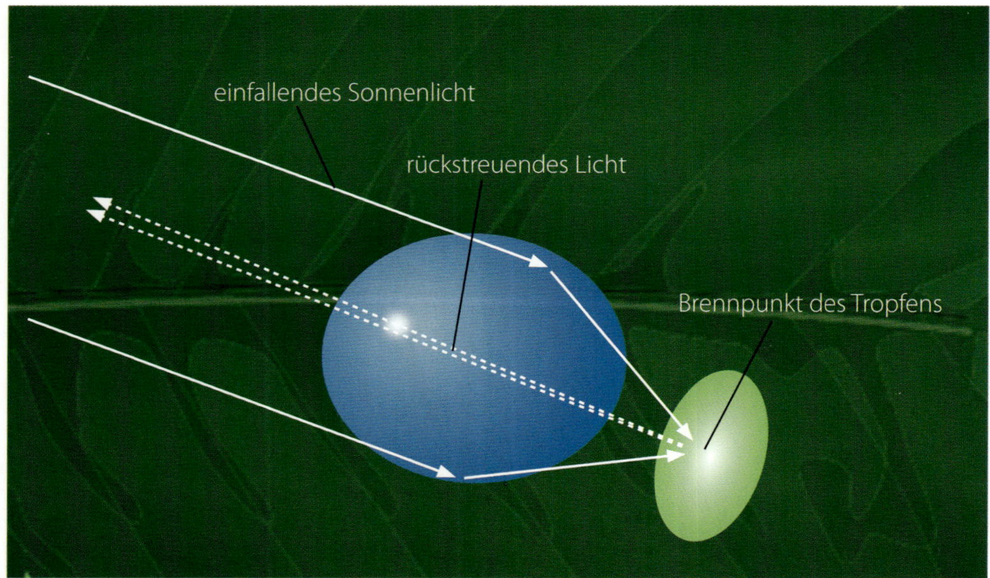

Diese Tropfen bündeln das einfallende Sonnenlicht wie eine Linse, reflektieren es auf der Pflanze und werden beim nochmaligen Durchlauf durch den Tropfen in alle Richtungen gestreut.

Auch auf trockenem Boden können deutliche Aufhellungen um den Beobachterschatten entstehen. Dafür ist ein unebener Untergrund aus Grashalmen oder Sandkörnern notwendig. Von erhöhten Standpunkten sieht man die intensivsten Aufhellungen auf Waldflächen. Die Ursache ist, dass Gegenstände im Sonnengegenpunkt ihren eigenen Schatten verdecken und somit dem Beobachter die komplett beleuchtete Oberfläche präsentieren. Zudem fungieren Unebenheiten als regelrechte Lichtfallen und hellen den Bereich um den Schatten ebenfalls auf. Rückstreuung verstärkt die Aufhellung zusätzlich.

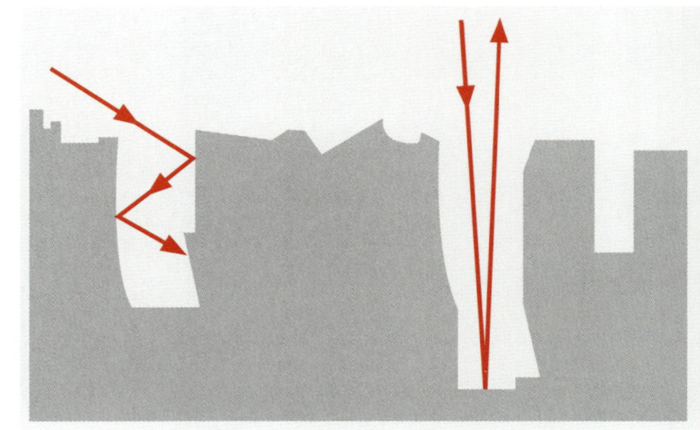
Bei unebenen Oberflächen verstärken Lichtansammlungen den Oppositionseffekt. Dieses Prinzip wird genutzt, um die Oberflächenstruktur ferner Himmelskörper zu erkunden.

Insofern ist die Unterscheidung zwischen Heiligenschein und Oppositionseffekt oft nicht eindeutig zu treffen. Der Oppositionseffekt ist nicht nur in der Optik bedeutsam, sondern vor allem in der Astronomie. Zum einen erscheinen Himmelskörper ohne eigene Atmosphäre heller, wenn sie in direkter Opposition zur Sonne stehen, also die Erde sich zwischen Sonne und Objekt befindet. Auch der Vollmond erscheint dadurch mehr als zehnmal so hell wie der Halbmond. Der Oppositionseffekt erlaubt zudem Rückschlüsse auf die Beschaffenheit und Zusammensetzung der Oberfläche von Himmelskörpern.

SEITE 49:

Heiligenschein auf einer taubenetzten Wiese. Man sieht deutlich, dass die Aufhellung nur um den Kopf des Beobachters, nicht aber um den seitlich versetzten Turmschatten zu sehen ist.

SEITE 50:

Oppositionseffekt auf der Oberfläche eines Waldgebietes vom 1838m hohen Wendelstein aus gesehen. Während links und rechts die Schatten sichtbar sind, werden sie auf gerader Linie zum Sonnengegenpunkt verdeckt, so dass die komplett beleuchtete Fläche zum Beobachter gerichtet ist.

SEITE 51:

Oppositionseffekt auf Boden mit Vulkangestein. Aufgenommen im Moon Crater Monument, Idaho, USA.

BROCKENGESPENST UND GLORIE

BROCKENGESPENST

Brockengespenster sind seit langem Gegenstand von Mythen und Sagen. Die erste ausführliche Beschreibung von Brockengespenst und Glorie stammt vom spanischen Wissenschaftler und Kapitän Antonio de Ulloa, der mit dem französischen Gelehrten Pierre Bouguer 1735 die Anden überquerte. Der französische Astronom Camille Flammarion schrieb über dieses kuriose optische Phänomen:

Ulloa war eines Morgens bei Tagesanbruch auf dem Pambamarca, in Begleitung von 6 Mitreisenden. Dabei beobachtete er, dass der Berggipfel komplett in Wolken gehüllt war, die sich auflösten als die Sonne aufging. Übrig blieben nur leichte Dampfschwaden, die fast unmöglich auszumachen waren. Plötzlich in der Gegenrichtung zur aufgehenden Sonne nahm jeder Reisende in ca. 70 Fuß Entfernung sein Ebenbild wahr, wie in einem Spiegel. Das Bild befand sich im Zentrum von 3 verschiedenfarbigen Regenbögen und war in einem gewissen Abstand umgeben von einem vierten einfarbigen Bogen. (...) Alle Bögen standen im rechten Winkel zum Horizont und bewegten sich in Richtung der Person und folgten ihr, das Spiegelbild einhüllend wie eine Glorie. Der bemerkenswerteste Punkt ist, dass jede Person das Phänomen nur für sich selbst sah und zu glauben weigerte, dass sich der Vorgang in gleicher Weise für seine Begleiter wiederholte.

Aus moderner Sicht besteht die berichtete Erscheinung aus drei Teilen: dem inneren Schatten als eigentlichem Brockengespenst, um diesen herum die »farbigen Regenbögen«, bei denen es sich um eine Glorie handelt, und noch weiter außerhalb ein weißer Nebelbogen.

Auf dem Brocken im Harz ist an durchschnittlich 300 Tagen im Jahr zumindest zeitweise Nebel, zudem ist der Brockennebel sehr oft undurchdringlich dicht. Dort begegnete 1780 Johann Esaias Silberschlag dem gespenstigen Treiben:

Bei meinem ersten Besuche dieses Berges fügte es sich, dass die Reisegesellschaft des Abends den prächtigen Untergang

Erzeugung eines Brockengespenstes im künstlichen Licht bei Nacht und Nebel. Bewegt der Beobachter seine Arme oder Beine, dann bewegt sich auch das wallende Gespenst entsprechend.

der Sonne beschaute. (...) Eben, als die Sonnenscheibe den Anfang machte im Abendhorizonte zu verschwinden, wendete ich mich gegen Osten und plötzlich erschien der Schattenriss des Berges vielmal größer als der Berg selbst war schwebend in der Gegend von Halberstadt. Alles stand so deutlich in dem Nebel abgezeichnet vor Augen, dass man das Haus und die Anwesenden sehr genau unterscheiden konnte. Dieses colossalische Gespenst sahe desto fürchterlicher aus, weil in der Tiefe des ebenen Landes schon Nacht geworden war. (...) Es ahmte alle Bewegungen der Personen nach, die wie ungeheure Cotlopen auf dem Gipfel des Berges daher schritten. Das Brockenhäuschen hatte sich in einen Palast, unsere Füße in gelenkige Tannen, und unsere Arme in Maste verwandelt. Ein in der Hand gehaltenes Schnupftuch stellte ein Segel vor.

Mit dieser Schilderung prägte er für das geisterhafte Gebilde den Namen Brockengespenst, der nicht zuletzt auch durch die Erwähnung in Goethes »Faust« in den weltweiten Sprachgebrauch Einzug gehalten hat.

Wenn bei Sonne und Nebel der Schatten des Beobachters auf eine Nebelwand fällt, wird das Schattenbild wie auf eine Kinoleinwand projiziert. Je dichter der Nebel ist, desto eindrucksvoller erhebt sich das Schattengespenst. Zudem hat Nebel keine glatte Oberfläche, so dass 3D-Bilder entstehen, die sich durch Wallung des Nebels gespenstig verändern, ohne dass der Beobachter sich bewegt. Sonnenschatten sind in Querrichtung in allen Abständen gleich breit, verkleinern sich aber im Sehwinkel mit wachsender Entfernung. Deshalb kann sowohl ein naher, überraschend auftauchender Schatten durch den großen Sehwinkel für einen

Künstlich im dichten Brockennebel erzeugtes Gespenst, eingerahmt von einem kompletten Nebelbogen.

Schreck sorgen, als auch der Umstand, dass bei schwachem Licht noch in großer Entfernung jene gespenstische Figur erkennbar ist. Damit könnten auch Sagenfiguren wie Rübezahl erklärt werden. Der Berggeist, der vor allem im Riesengebirge bekannt ist, erschien Überlieferungen zufolge in unterschiedlicher Gestalt, einmal als Bergmännchen, einmal als Mönch, als Pferd oder als »furchterregende Spukgestalt mit loderndem Odem und feurigen Augen«, was wiederum auf eine Glorie hindeuten könnte.

Das Brockengespenst ist nicht nur auf dem höchsten Harzgipfel daheim, es tritt überall dort auf, wo eine Lichtquelle, gleich ob natürlicher oder künstlicher Natur, auf eine dichte Nebelwand fällt. Im flachen Land ist diese Voraussetzung allenfalls bei flachem Bodennebel gegeben, und das Brockengespenst ist dort nur sehr selten anzutreffen. In den Bergen begegnet man ihm häufiger, vor allem, wenn sich Wolken an der Nordseite stauen und von Süden her die Sonne darauf scheint. Unter diesen Bedingungen ist es mitunter den ganzen Tag zu sehen.

Bei dichtem Nebel und Dunkelheit kann sich jeder sein »eigenes« Brockengespenst erschaffen, indem er sich selbst vor eine Lichtquelle (Autoscheinwerfer, Halogenlampe) stellt und in Richtung Gegenpunkt blickt. Im divergenten Licht von Lampen ist der Schatten des Beobachters dann tatsächlich um ein Vielfaches größer.

SEITE 54:

Auf eine dichte Nebelwand projizierte Brockengespenster in künstlichem Licht auf dem Sudelfeld in Oberbayern.

SEITE 55:

Echtes Brockengespenst: Der Schatten des Turms der Wetterwarte Brocken wird auf eine vorbeiziehende Wolke projiziert.

GLORIEN

Manchmal bildet sich um den »Kopf« des Brockengespenstes eine farbige ringförmige Lichterscheinung, die so genannte Glorie. Da sich die Glorie um den Gegenpunkt der Sonne bildet, ist sie meist nur von erhöhten Standpunkten aus sichtbar. Zum einen sieht man sie in den Bergen, wo im Gegensonnenpunkt Wolken vorüberziehen oder eine Nebelmauer steht – zum anderen sehr häufig vom Flugzeug aus, wenn sich darunter eine Wolkendecke befindet. Je nach Standort ist sie nicht nur um den Schatten des Beobachters zu sehen, sondern es wird mitunter der gesamte Berg oder das Flugzeug als Schatten auf der Nebelwand abgebildet. Der Mittelpunkt der Glorie ist dabei der Standpunkt oder (im Flugzeug) die Sitzposition des Beobachters.

Die Physik der Glorie ist sehr komplex und kann nur mit Hilfe der Streuungstheorie von Gustav Mie genau erklärt werden. Sie ist ausschließlich in perfekter Rückwärtsstreuung an Wassertröpfchen mit einer Größe <50µm zu beobachten. Bei dieser kleinen Tröpfchengröße regt der total reflektierte Lichtstrahl an der Tropfenoberfläche quergedämpfte Wellen an, also Wellen, die parallel zur Grenzfläche des Tropfens verlaufen. Die dadurch ausgelösten Interferenzeffekte verursachen schließlich die Entstehung des farbigen Ringsystems.

UNGEWÖHNLICHE GLORIEN

Der Durchmesser der Glorienringe ist umgekehrt proportional zur Tröpfchengröße. Deshalb erscheinen Glorien im Nebel aufgrund gleicher Tröpfchengröße immer rund. Wird eine Glorie jedoch auf einer unter dem Beobachter liegenden Wolkendecke abgebildet, kann die Erscheinung von der kreisrunden Form abweichen. Dies passiert, wenn die Tropfengröße entlang der farbigen Ringe wesentlich variiert.

Vor allem bei Wolken mit orografischen Einflüssen ist die Tröpfchengröße innerhalb der Wolke unterschiedlich: So sind die Tröpfchen in der Mitte einer Lenticularis-Wolke am größten und werden zum Rand hin deutlich kleiner. Da unter diesen Bedingungen der Radius der Ringsysteme rasch zunimmt, erscheinen die Farben für den Beobachter nicht mehr kreisförmig angeordnet, sondern laufen zum Rand hin fast streifenförmig aus. Oftmals verzerrt eine unebene Projektionsfläche das Bild zusätzlich und lässt die Glorie in ihrer Gesamtheit sehr abstrakt erscheinen. Noch schwieriger wird die Identifikation der Glorie, wenn sich im Bereich des Sonnengegenpunktes nur eine einzelne farbige Föhnwolke befindet und die Symmetrie der Farben kaum noch

Diese Glorie wurde als Hochkontrastbild (HDR) aus drei verschiedenen Fotos erstellt, um die Strukturen der Wolken und den Vordergrund besser sichtbar zu machen.

auf eine Glorie schließen lässt. Für diesen willkürlichen Farbverlauf hat sich die Bezeichnung Glorisieren durchgesetzt.

Weitere ungewöhnliche Effekte entstehen, wenn man die Glorie durch einen Polarisationsfilter betrachtet. Da die farbigen Ringe radial polarisiert sind, die weiße Region der Mitte dagegen tangential, entstehen beim Blick durch einen (oder Kameravorsatz eines) linearen Polfilter dunkle Dreiecke in der Mittelregion und verschieden helle Regionen im Ringsystem. Diese einmalige Eigenschaft ist auf die subtile Entstehungsweise der Glorie zurückzuführen. Wenn man den Polarisationsfilter (oder zum Beispiel eine Polaroid-Sonnenbrille) vor dem Auge dreht, rotiert die dreieckige Struktur mit dem Filter mit.

Mit all ihren Eigentümlichkeiten gehört die Glorie zu den seltsamsten optischen Erscheinungen, da sie immer wieder Überraschungen in sich birgt und kaum eine Glorie der anderen gleicht.

BEOBACHTUNG UND FOTOGRAFIE

Brockengespenster und Glorien sind dann zu beobachten, wenn hinter dem Beobachter die Sonne scheint und der Beobachterschatten auf eine Nebel- oder Wolkenwand geworfen wird. Im Flachland sind diese Bedingungen am ehesten im Herbst zu finden, wenn am Morgen Nebelfetzen aufsteigen oder sich vor allem in der Nähe von Gewässern flache Bodennebel gebildet haben. Leider lösen sich die Nebelfelder bei höher steigender Sonne häufig auf.

Im Gebirge ist es leichter möglich, gezielt nach Glorien zu suchen. Wenn sich bei Inversionswetterlagen Hochnebel ausbildet, wird man knapp oberhalb der Nebelgrenze fast immer fündig. Auch bei Konvektionsbewölkung in Augenhöhe ist mit hoher Wahrscheinlichkeit mit Glorien zu rechnen.

Um vom Flugzeug aus Glorien fotografieren zu können, muss man in Sonnengegenrichtung sitzen. Sobald sich unterhalb Wolken befinden, sollte sich eine Glorie um den Flugzeugschatten bilden. Der Pilot wird immer eine Glorie um den Schatten des Cockpits, der Passagier die Glorie je nach Sitzposition sehen. Interessant sind auch die Schatten und Glorien anderer Flugobjekte, wie eines Ballons oder eines Gleitschirms aus.

Die Fotografie des Brockengespenstes, also dem in Wassertröpfchen projizierten Schatten des Beobachters, erfordert keine besonderen fotografischen Voraussetzungen. Selbst einfache Kameras sollten diesen problemlos ablichten. Um Glorien eindrucksvoll zu fotografieren, ist ein Polarisationsfilter sehr empfehlenswert. Da das Licht dieser Farberscheinung sehr stark polarisiert, wird in Maximaleinstellung des Filters der Kontrast zum Hintergrund erhöht. Auch eine leichte manuelle Unterbelichtung ist empfehlenswert, da die Kamera im Automatikmodus durch die Lichtstreuung im Nebel zu Überbelichtung neigt. Verfügt die Kamera über eine Belichtungsreihenautomatik (AEB), erhält man bei entsprechender Einstellung nicht nur eine Serie von drei verschiedenen Belichtungen, sondern kann im Nachhinein mit Hilfe eines HDR-Programms zudem noch Wolkenstrukturen herausarbeiten, was Bilder mitunter besonders imposant macht.

SEITE 58/59:

Glorien bei verschiedener Tröpfchengröße. Je kleiner diese sind, desto mehr Ringe sind zu sehen. Bei optimaler Ausbildung gehen die Interferenzbögen des Nebelbogens in die Glorie über.

SEITE 60/61:

Glorie auf einer tiefer liegenden Wolkendecke vom Berg und vom Flugzeugs aus gesehen.

SEITE 62 OBEN:

Perspektivisch gebrochener Schatten eines Sendemastes auf unebener Wolkendecke.

SEITE 62 UNTEN:

Einzelne Föhnwolke mit farbiger Unterseite im Gegensonnenbereich. Der Farbsaum ist ein durch unterschiedlich große Wassertröpfchen stark deformierter Teil einer Glorie.

SEITE 63:

Glorie in einer orografischen Föhnwolke mit scheinbar unwillkürlich angeordneten Farbsäumen.

SEITE 64:

Glorie, fotografiert mit unterschiedlichen Polfiltereinstellungen, was vor allem an den veränderten dunklen Bereichen im Inneren der Glorie zu sehen ist.

SEITE 65:

Phasensprung in den Interferenzen eines Nebelbogens durch unterschiedliche Polarisationsrichtungen.

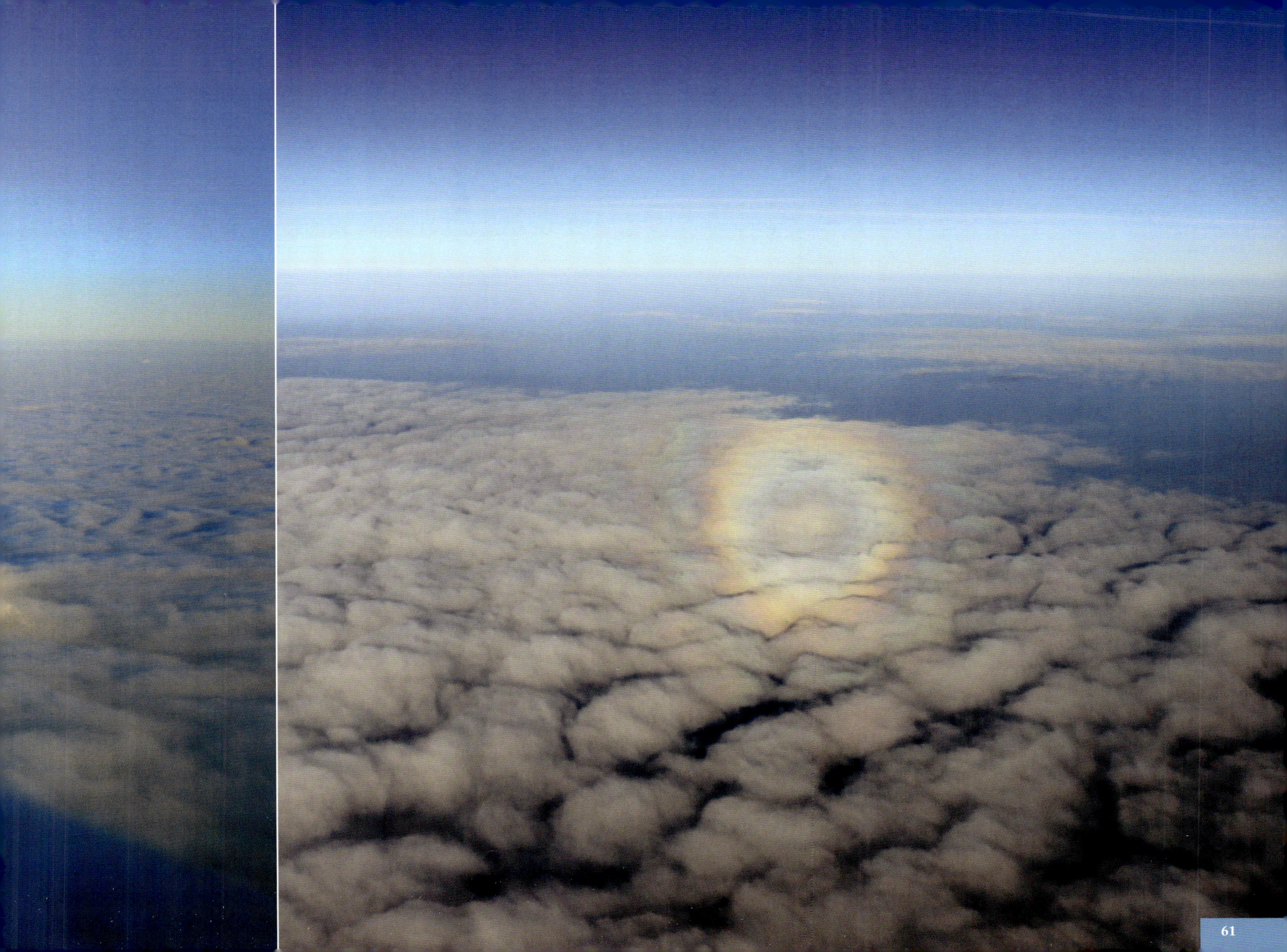

VERFORMUNG VON SONNE UND MOND AM HORIZONT

Beim Durchgang durch die Erdatmosphäre werden Lichtstrahlen nicht nur durch abrupten Temperaturwechsel unterschiedlich gebrochen, sondern aufgrund von Dichtevergrößerung durch zunehmenden Druck fortlaufend leicht gekrümmt. So kommt es, dass wir die Sonne noch sehen, wenn sie geometrisch bereits untergegangen ist. Da die Luftdichte und damit die Ablenkung nach oben hin schnell abnimmt, wird der untere Sonnenrand stärker angehoben als der obere und die nahe am Horizont stehende Sonne erscheint meist abgeplattet. Dieser Effekt verstärkt sich von höher gelegenen Beobachtungspunkten aus und ist am deutlichsten vom Flugzeug zu sehen.

Da die Refraktion mit der Höhe der Sonne über dem Horizont schnell abnimmt, ist die Sonne bei Auf- und Untergang abgeplattet, da der Oberrand und der Unterrand verschieden stark angehoben werden.

scheinbarer Standort

wahrer Standort

optisch dünne Luft

optisch dichte Luft

Erdoberfläche

Manchmal wandern Sonne oder Mond zudem beim Aufgang durch erdnahe, unterschiedlich dichte Luftschichten und können beide bis zur Unkenntlichkeit verzerrt oder mehrfach gespiegelt übereinander »gestapelt« sein. Die Ursache liegt darin, dass die Lichtstrahlen an den Luftschichten unterschiedlicher Dichte verschieden stark gekrümmt und an Grenzflächen zudem reflektiert werden. Gibt es mehrere dieser Grenzflächen, ist eine Mehrfachspiegelung möglich. In seltenen Fällen bewegen sich eine obere und eine untere Sonne aufeinander zu und verschmelzen auf einer imaginären Horizontlinie, auf der sie dann untergehen. Auch der umgekehrte Fall dieses Szenarios ist denkbar.

ETRUSKISCHE VASEN

Als Etruskische Vase wird ein Kopf stehendes Trugbild der auf- oder untergehenden Sonne bezeichnet, welches am häufigsten über einer Wasserfläche zu sehen ist. Wenn sich die tief stehende Sonne dem Horizont nähert und sich schließlich mit dieser verbindet, hat es manchmal den Anschein, als stehe die Sonne auf einem Fuß. Den Science-Fiction-Romanautor Jules Verne erinnerte dieses Phänomen an eine dickbäuchige, auf einem Sockel stehende etruskische Vase und so prägte er den Namen der Erscheinung. Mitunter nennt man die Erscheinung auch »Omega-Sonne« aufgrund der Ähnlichkeit mit dem griechischen Großbuchstaben Ω.

Dieser seltsame Effekt, ausgelöst von einer unteren Luftspiegelung, ist meistens im Herbst zu sehen, wenn sich über das noch warme Wasser eine kalte Luftschicht legt. Besonders bei Kaltlufteinbrüchen nach längeren Warmphasen können etruskische Vasen auftreten.

An der unteren, warmen Schicht können die Sonnenstrahlen bei sehr flachem Winkel totalreflektiert werden. Die Beobachtungschancen vergrößern sich, je dichter sich das

Die Etruskischen Vase entsteht durch die Totalreflexion an einer horizontnahen atmosphärischen Grenzschicht.

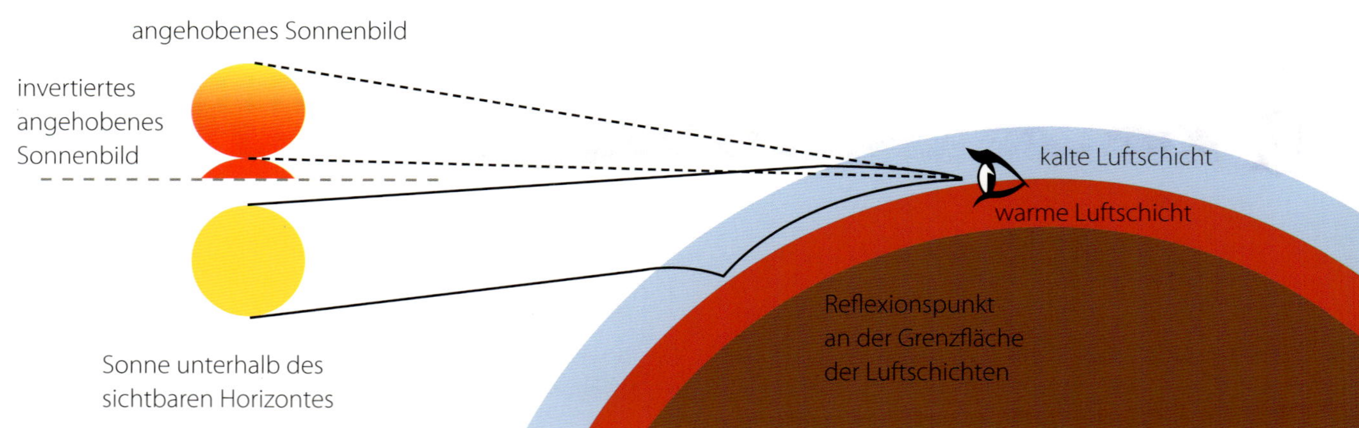

REFRAKTION

Als Refraktion bezeichnet man die Änderung der Ausbreitungsrichtung von Wellen an der Grenzfläche zweier Medien mit unterschiedlichen Ausbreitungsgeschwindigkeiten. An der Grenzfläche optisch unterschiedlicher Medien wird die Richtung elektromagnetischer Wellen geändert.

Als Astronomische Refraktion bezeichnet man die Ablenkung des von den Himmelskörpern kommenden Lichtes in der Atmosphäre. Da die Dichte der Atmosphäre mit zunehmender Höhe abnimmt, wird ein Lichtstrahl bei schrägem Einfall an jeder Grenzschicht gebrochen und durchläuft sie bis zum Boden als gebogene Kurve. Je tiefer das Gestirn dabei steht, desto größer ist der Lichtweg durch die Atmosphäre und daher die Ablenkung. Bei einem im Zenit stehenden Stern ist die Refraktion gleich null. Die Refraktion ist von der aktuellen Dichteschichtung der Atmosphäre und von der Wellenlänge abhängig. Sie nimmt von rot nach blau zu. 10° über dem Horizont beträgt der Refraktionswinkel etwa 5', am Horizont erreicht er einen Wert von ca. 35', was etwas mehr als dem Winkeldurchmesser der Sonne entspricht.

Eindrucksvolle Effekte ergeben sich bei der Refraktion in Horizontnähe. Da die Lichtstrahlen meist in Richtung der Erdoberfläche gekrümmt sind, erscheinen entfernte Gegenstände höher, als wenn es keine Atmosphäre gäbe. Wenn die Sonne über dem Meer den Horizont berührt, ist sie geometrisch meist schon untergegangen. Ihre flache, ovale Form entsteht dadurch, dass ihr unterer Rand stärker als der obere nach oben verschoben ist, denn der Gradient der Luftdichte nimmt normalerweise mit der Dichte nach oben ab. Bodennahe, warme Luftschichten können den Gradienten jedoch verringern, im Extremfall sogar umkehren. Dann sind die Lichtstrahlen nach oben gekrümmt, was bei flachem Einfallswinkel als eine Luftspiegelung erscheint. Umgekehrt ist in einer Inversionsschicht der Gradient erhöht.

Refraktion in der Erdatmosphäre: Der Lichtstrahl eines Gestirns mit Zenitabstand z^1 wird gebrochen, so dass der Stern vom Erdboden aus gesehen den Zenitabstand z zu haben scheint.

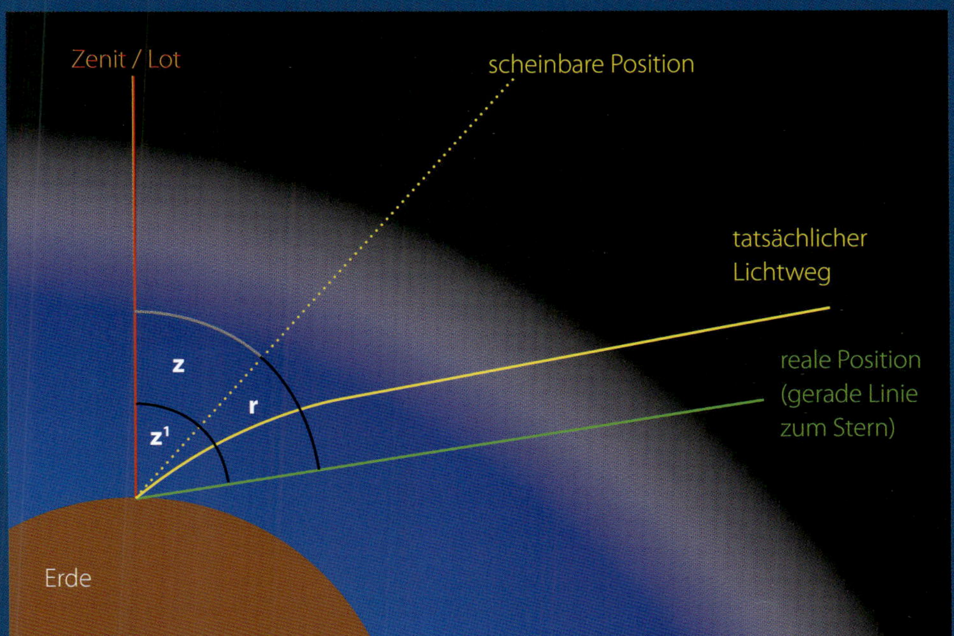

Anhebung und Abplattung der Sonne am Horizont. Da der Lichtstrahl 1 flacher auf die Grenzfläche fällt, wird er stärker gebrochen als Strahl 2.

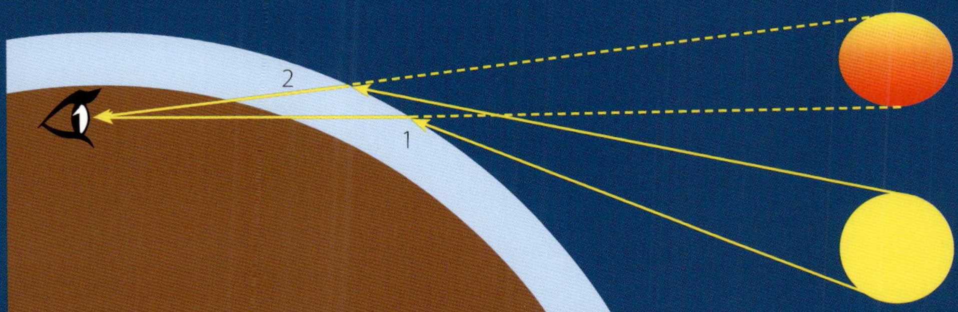

Auge an der Wasserfläche befindet. Dann erreichen den Beobachter nicht mehr nur die direkten Sonnenstrahlen, sondern auch solche, die an der Grenzschicht reflektiert werden. Die direkten Strahlen lassen die Sonne ganz normal aussehen. Die totalreflektierten Strahlen kommen jedoch in der täglichen Wahrnehmung des Gehirns nicht vor und werden deshalb von diesem geradlinig nach hinten verlängert. Das führt dazu, dass man ein umgekehrtes Spiegelbild unter der eigentlichen Sonne sieht, welches sich mit dem Einfallswinkel des Lichtes, also mit der Höhe der Sonne über dem Horizont ändert.

Dickbäuchige etruskische Vase, nach der diese Erscheinung benannt wurde.

GRÜNER STRAHL

Wenn die stark deformierte Sonne untergeht, werden dabei oft obere Bereiche abgeschnürt und färben sich kurz vor dem Erlöschen in leuchtendes Grün. Dieser Effekt entsteht aufgrund der unterschiedlichen Brechung verschiedener Wellenlängen des Lichtes. Da die Anhebung der Strahlen im kurzwelligen Spektralbereich stärker ist, sinkt der rote Anteil des oberen Sonnenrandes eher unter den Horizont als der grüne und blaue. Der grüne Anteil ist also einige Augenblicke länger zu sehen und zeigt sich für einen Sekundenbruchteil als so genanntes Grünes Segment. Dieses ist die häufigste Spielart des Grünen Strahls, welcher insgesamt drei verschiedene Erscheinungsformen aufweist.

Der eigentliche Grüne Strahl oder auch Grüne Blitz ist mit bloßem Auge äußerst selten zu sehen. Er gleicht einem grünen Flämmchen und ist in dem Moment zu beobachten, wenn die Sonne hinter dem Horizont oder auch hinter einem Berg oder eine Wolke verschwindet. Diese Erscheinung ist oft nur den Bruchteil einer Sekunde lang zu sehen und lässt sich daher nur schwer fotografieren.

Zusätzliche atmosphärische Spiegelungseffekte bewirken den Grünen Saum: Ein schmaler, grüner Streifen umsäumt den oberen Rand der Sonne und ist manchmal selbst dann noch sichtbar, wenn die Sonne selbst längst untergegangen ist. Als schmaler, grüner Lichtschlitz wandert er am Horizont entlang, wie die Sonne darunter. Dieser Effekt tritt hauptsächlich in höheren Breiten auf, in denen der Winkel der Sonnenbahn zum lokalen Horizont sehr flach sein kann.

Es gibt auch den Blauen Strahl, nur ist dieser sehr rar, da blaues Licht noch stärker gestreut wird und sein Sichtbarwerden eine sehr saubere Atmosphäre voraussetzt. Auch die Empfindlichkeit des Auges, die Intensitätsverteilung des Sonnenlichtes und der Kontrast zum Hintergrund spielen bei der Sichtbarkeit eine Rolle.

Grüner Saum, der über dem Meer oft mehrere Sekunden nach Sonnenuntergang sichtbar bleibt.

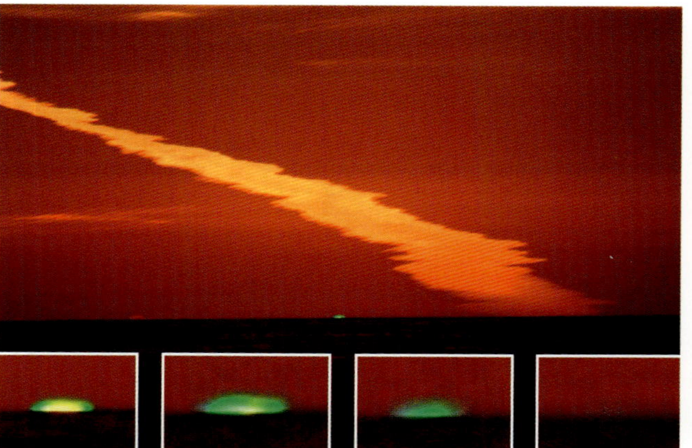

Blaues Aufblitzen beim Verschwinden der Sonne in sauberer Luft hinter der Zugspitze, aufgenommen vom 80km entfernten Wendelstein.

NOWAJA-SEMLJA-EFFEKT

Unter die Luftspiegelungseffekte fällt auch der Nowaja-Semlja-Effekt, benannt nach einer Inselkette, die sich von den Bergen des Urals in Russland bis in das arktische Meer ausdehnt. Die unglückliche dritte Polarexpedition von Willem Barents in den Jahren 1596/1597, in deren Folge das Schiff der Expedition von Packeis eingeschlossen wurde, führte auch zur Nordspitze von Nowaja Semlja. Dort beschrieb Expeditionsteilnehmer Gerrit de Veer am 24. Januar 1597 in seinem Tagebuch einen grotesken Lichtstreifen am Horizont, der bereits zwei Wochen früher sichtbar war, als die nautischen Handbücher den ersten Sonnenaufgang vorhersagten. Für diese Erscheinung konnte erst im 20. Jahrhundert eine Erklärung gefunden werden: Anomale Strahlhebung aufgrund großer Temperatursprünge direkt über der Eisfläche.

Interessanterweise werden derartige angehobene Lichtstreifen nicht nur in der Arktis beobachtet, auch über kalten Meeresoberflächen oder in den Bergen über einer Hochnebeldecke mit markanter Temperaturumkehr (Inversion) kann man manchmal beobachten, dass ein heller, teils auch stark deformierter Lichtstreifen noch mehrere Sekunden bis zu wenigen Minuten vor Sonnenaufgang oder nach Sonnenuntergang sichtbar ist. Meist erscheinen derartige Sonnenbilder rötlich, nur in seltenen Fällen auch mit grünlichen oder bläulichen Farbanteilen.

Ein weiteres interessantes Phänomen, welches in diesem Zusammenhang oft auftritt, ist der »Perlschnur«-Sonnenuntergang. Die Sonne verschwindet nicht als »Kugel«, sondern sie läuft am Horizont breit und ist schließlich nur noch als eine leuchtende waagerechte Linie zu sehen, die zunehmend die Form einer Perlschnur annimmt. Die letzten leuchtenden Perlen verglühen oft erst mehrere Minuten nach dem eigentlichen Sonnenuntergang. Dieses Perlschnurphänomen wurde zuerst im Jahre 1901 von dem britischen Amateurastronomen John Franklin-Adams dokumentiert. Er beobachtete die Erscheinung mehrfach vom Schiff aus und führte sie auf den Wellengang am Horizont zurück. Auch oberhalb eines Wolkenmeeres kann dieses Phänomen auftreten, denn die Bedingungen ähneln denen auf dem Ozean. Die fließenden Wolken haben eine wellige Oberfläche und wie auf dem Meer ist es auch an der Wolkenoberfläche am kältesten, so dass der Lichtstrahl reflektiert und das Objekt (in diesem Fall die Sonne selbst) nach oben angehoben wird. Durch die Lücken von Meeres- oder Wolkenwellen blinzeln dann die leuchtenden Perlen hindurch.

FOTOGRAFIE UND BEOBACHTUNG

Nach Luftspiegelungen kann man gezielt suchen. Die spiegelnden »Wasserflächen« auf Straßen sind vor allem am späten Nachmittag heißer Tage zu finden, wenn die Straße noch aufgeheizt, die Luft aber bereits wieder kühler ist. Um Luftspiegelungen auch in geringem Abstand zu ermöglichen, muss der Winkel vom Auge zur Straße verkleinert werden. Ein Standort am Fuß einer kleinen Anhöhe, deren höchster Punkt sich bei der Fotografie in Augenhöhe befindet, eignet sich am besten. Sollte kein spiegelndes Objekt verfügbar sein, empfiehlt es sich, das eigene Auto oder eine zweite Person im Spiegelbereich zu platzieren. Auf diese Art und Weise ist ein normales Teleobjektiv mit 200mm Brennweite

Schmaler, deformierter Streifen am Horizont nach Sonnenuntergang, aufgenommen an einem warmen Frühlingstag über der noch kalten Nordsee von der dänischen Insel Rømø in Westjütland.

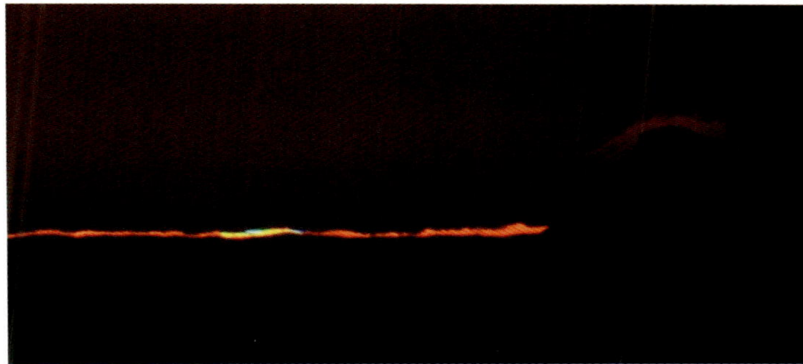

Blaugrüner Lichtstreifen am Horizont, aufgenommen über einem Wolkenmeer auf der Zugspitze bei einer Sonnentiefe von –3°.

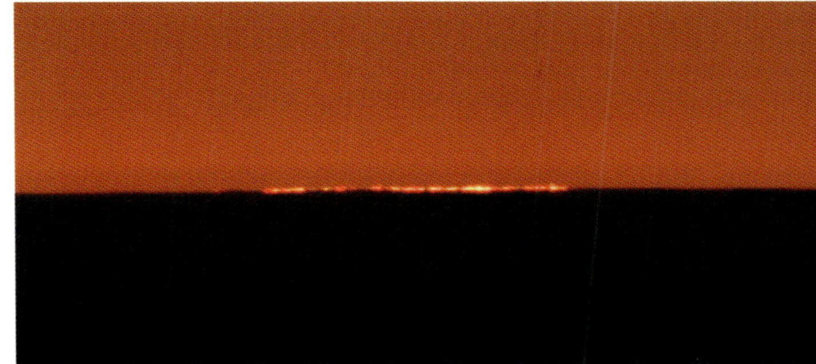

Perlschnurphänomen bei Sonnenuntergang durch Refraktion und wellige Wolkenoberfläche, aufgenommen auf dem Fichtelberg/Erzgebirge oberhalb einer Stratocumulus-Schicht.

ausreichend, um die Verzerrungen im Automatikmodus festzuhalten.

Eine weitere Möglichkeit, um Luftspiegelungen gezielt zu suchen, sind große Seen mit ruhiger Wasserfläche. An den ersten warmen Frühlingstagen, wenn die Wassertemperatur noch sehr gering ist, sind die Chancen auf Luftspiegelungen am größten. Da in diesem Fall weit entfernte Schiffe oder das andere Ufer gespiegelt werden, ist für die Beobachtung mindestens ein Fernglas zu empfehlen. Ist eine Luftspiegelung vorhanden, kann anhand der Veränderung der Augenhöhe die Höhe der Spiegelfläche und somit auch das Aussehen der Spiegelungseffekte selbst verändert werden. In Deutschland bietet der Königssee im Berchtesgadener Land die besten Bedingungen. Er ist selbst in den Sommermonaten sehr kalt und windgeschützt, so dass die einzelnen Luftschichten nicht selten den ganzen Tag über erhalten bleiben. Mit den permanent auf dem See verkehrenden Passagierschiffen, den Bootsstegen und der Kirche St. Bartholomä gibt es viele lohnende Motive.

An anderen Seen und Meeren wird man bei großen Temperaturunterschieden zwischen Wasser und Luft sowie bei Windstille aber ebenso fündig, etwa an Nord- und Ostsee. Auch das im Sommer stark aufgeheizte Wattenmeer ist für Luftspiegelungen prädestiniert, nicht selten scheinen die Halligen über dem Wasser zu schweben. Michael Engler drehte dort 1995 und 2001 zwei eindrucksvolle Filmproduktionen.

Luftspiegelungen auf Bergen sind sehr selten. Am ehesten lohnt sich die Suche bei starker Inversionswetterlage und sehr guter Fernsicht. Der beste Standort für eine mögliche Beobachtung sollte nur wenig oberhalb der Inversionsschicht liegen und eine Sicht auf weit entfernte Berge (> 100km) ermöglichen.

Für die Fotografie von Luftspiegelungen in großer Entfernung ist ein Objektiv mit großer Brennweite (mindestens 300mm, bei kleineren fernen Objekten besser 1000mm) unabdingbar. Ein höhenverstellbares Stativ ist ebenfalls von Vorteil. Wenn die Kamera die Möglichkeit einer manuellen Kontrasteinstellung bietet, sollte man diesen erhöhen, da die Luftspiegelungseffekte in weiter Entfernung sonst sehr blass wirken. Da die Luft flimmert und sich auch die Luftspiegelungen selbst stark verändern, sollte bei offener Blende eine möglichst geringe Belichtungszeit gewählt werden.

Etwas schwieriger ist die Fotografie des Grünen Strahls, denn aufgrund seiner extrem kurzen Dauer ist das Auslösen, wenn man ihn sieht, bereits zu spät. Die besten Beobachtungsbedingungen liegen bei wolkenlosem Wetter und guter Sicht vor. Morgens, wenn sich verschiedene Schichten kalter und warmer Luft gebildet haben, kommt es häufiger zu einer Ablösung von Segmenten an der Sonnenscheibe als abends bei durchmischter Luft.

Die wichtigste Grundregel bei der Suche nach dem Grünen Strahl ist der Schutz der Augen! Schon ein kurzer ungeschützter Blick durch ein Teleobjektiv auf die Sonne kann das Auge bleibend schädigen! Deshalb ist neben einem Objektiv mit möglichst großer Brennweite ein Sonnenfilter unerlässlich! Von Vorteil sind zudem Kameras mit Live-View, also der Möglichkeit, den Sonnenuntergang auf dem Display der Kamera zu verfolgen. Sobald sich ein oberes Segment abzulösen beginnt, sollte man den Auslöser betätigen. Eine größere Trefferquote bringen Reihenaufnahmen. Die Kontrasteinstellung in der Kamera sollte auf »Neutral« eingestellt werden, um unschöne Artefakte an den Sonnenrändern zu vermeiden. Je nach Stärke des Sonnenfilters ist meist auch eine starke Unterbelichtung notwendig. Auf dem Display sollten eventuell vorhandene Sonnenflecken zu sehen sein, nur dann wird das Bild dunkel genug, damit das Grün am oberen Sonnenrand nicht überstrahlt wird.

Abschnürung eines Sonnensegmentes, welches sich beim Verglühen grün verfärbt. Aufgenommen auf dem Fichtelberg/Erzgebirge bei einer Inversionswetterlage.

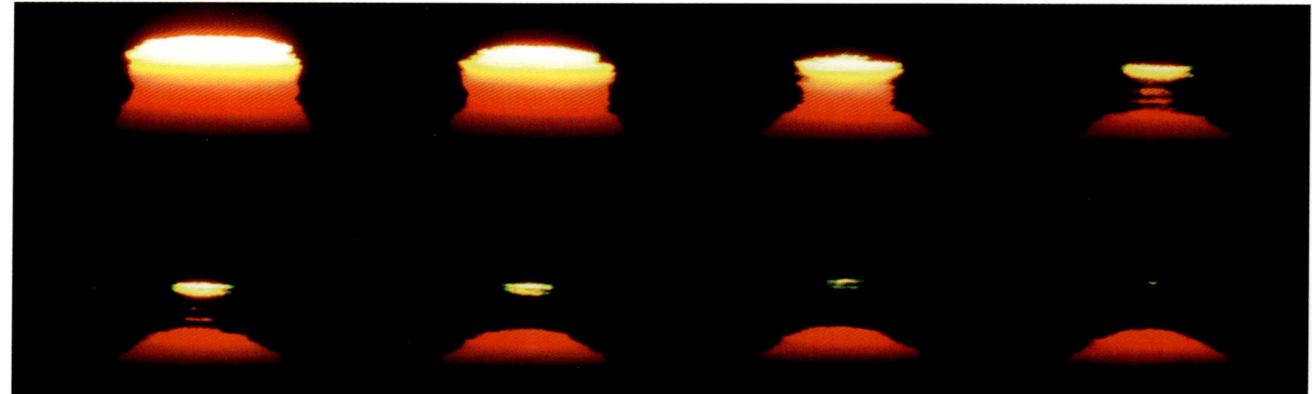

SEITE 79:

Eine untere Luftspiegelung gibt der Sonnen- und Mondscheibe das Aussehen einer Etruskischen Vase.

SEITE 80:

Scheinbar abgeplattete Sonne bei Untergang, aufgenommen vom Wendelstein (1838m).

SEITE 81:

Verzerrter Mond beim Untergang in einer kalten Nacht, in der kalte und schwerere Luftmassen nach unten sanken und verschiedene Luftschichten bildeten.

SEITE 82/83:

Verformung der Sonne bei ihrem Untergang, vom Feldberg im Taunus aus beobachtet. Die Sonne scheint sich an einer Grenzschicht zu teilen und an dieser gespiegelt als Doppelbild unterzugehen.

SEITE 83 RECHTS:

Über der Sonne abgeschnürtes Segment, welches sich kurz vor dem Verschwinden grün verfärbt.

SEITE 84:

Grüner Strahl im Moment des Verschwindens der Sonne hinter dem Horizont.

SEITE 85 UNTEN LINKS:

Grüner Strahl im Moment des Verschwindens der Sonne hinter einer Wolke.

SEITE 85 OBEN LINKS, OBEN RECHTS UND UNTEN RECHTS:

Seitlicher Grüner Blitz beim Verschwinden der Sonne hinter einem Berg.

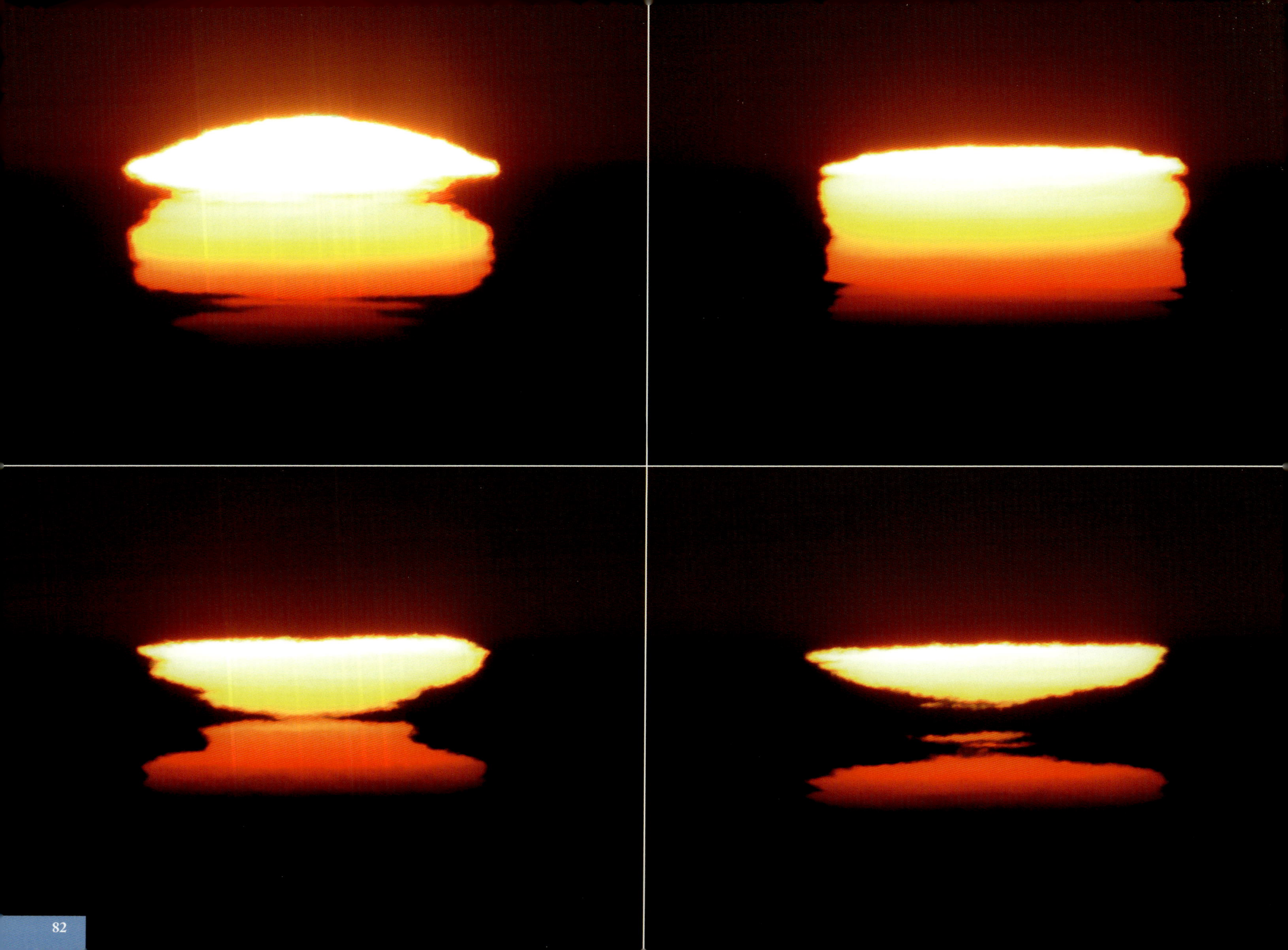

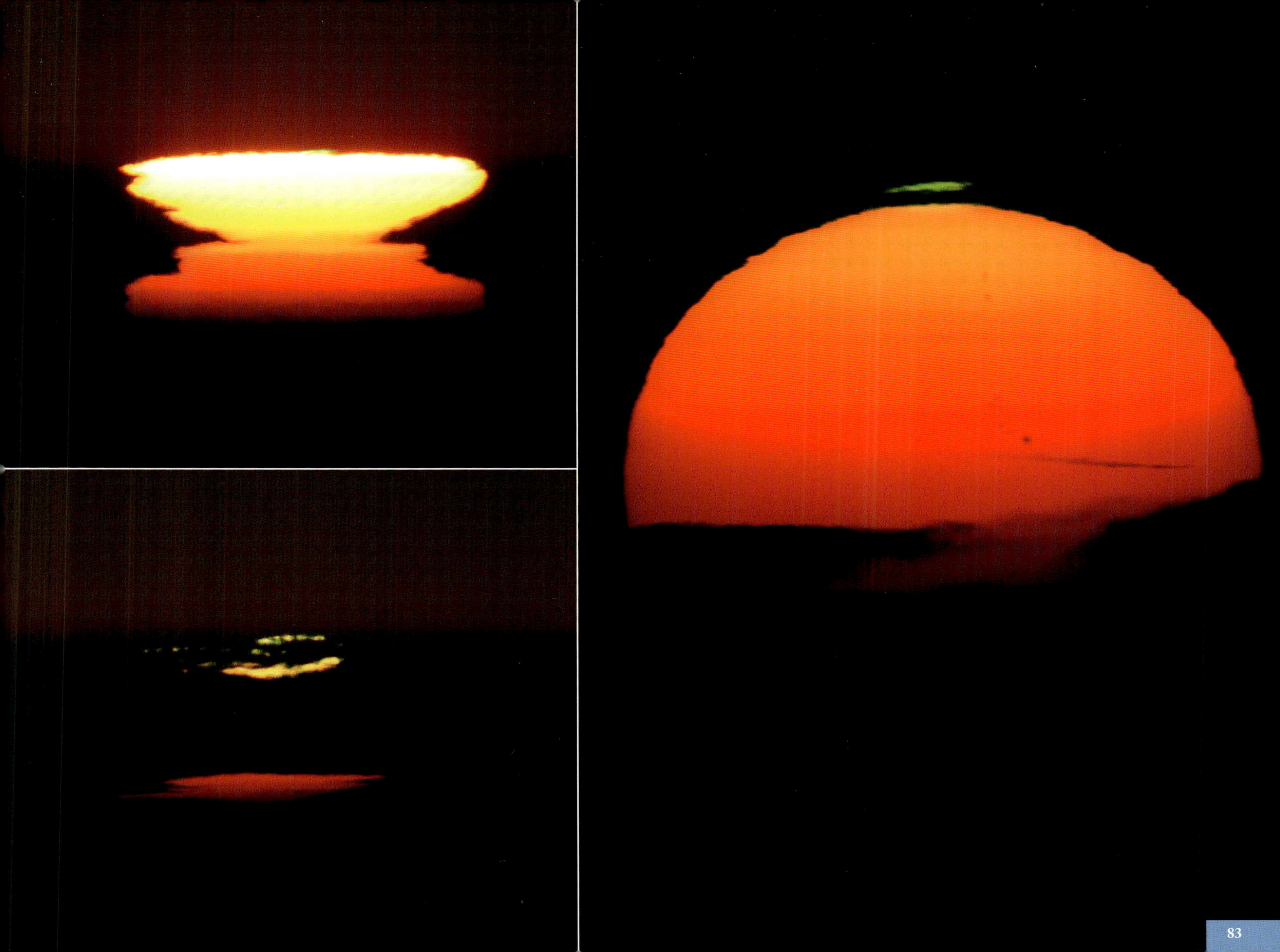

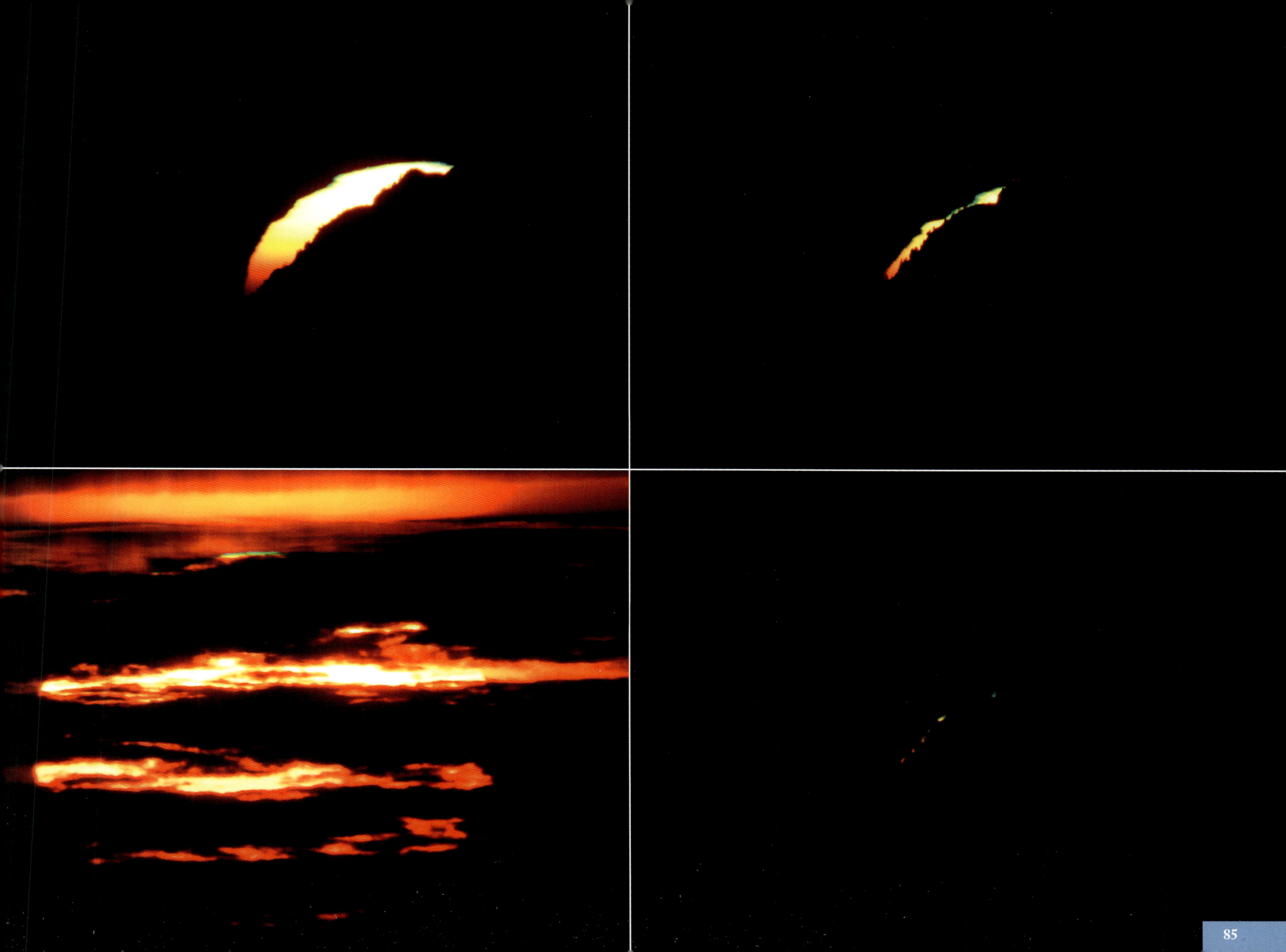

REGENBOGEN

Der Regenbogen ist neben den Halo-Erscheinungen die am häufigsten zu beobachtende und die weitaus bekannteste Lichterscheinung am Himmel. Er zeigt das Sonnenlicht in schönsten Spektralfarben und gehört zu den großartigsten Naturschauspielen. Schon immer diente er den Menschen in Mythen, Sagen oder Metaphern als Symbol für Schönheit, Licht, Farbe, Sonne oder Vielfalt. In vielen Religionen ist der Regenbogen ein Zeichen für die Verbindung der Erde zum Himmel und der Menschen zu Gott. Wer über die Regenbogenbrücke schreitet, ist auf dem Weg in Gottes Reich.

Trotz des hohen Bekanntheitsgrades und der immer moderner werdenden Berechnungs- und Simulationsmethoden der Physik wirft der Regenbogen bis heute Fragen auf. Viele berühmte Wissenschaftler haben im Laufe der Geschichte versucht, den Regenbogen zu erklären. Im Wesentlichen waren drei Forscher an der naturwissenschaftlichen Erklärung beteiligt. Als bemerkenswerter Protagonist ist der Philosoph, Theologe und Naturwissenschaftler Dietrich von Freiberg zu nennen. Dieser fand im Jahr 1304 bei Experimenten mit einer Wasser gefüllten Glaskugel heraus, dass der Lichtstrahl sowohl beim Eintritt als auch beim Austritt in die Kugel gebrochen und zudem ein kleiner Anteil des Lichtes an der konkaven Innenfläche reflektiert wird.

Erst über 300 Jahre später, im Jahr 1637 erklärte René Descartes mit Hilfe des Brechungsgesetzes, dass die in den Tropfen einfallenden Lichtstrahlen durch Brechung und Reflexion eine Richtungsänderung von 139° erfahren und sich deshalb 41° um den Sonnengegenpunkt (=180°–139°) zu einem leuchtenden Kreis formieren. Isaac Newton gelang es schließlich im Jahr 1666 mit Prismenexperimenten, die Zerlegung des weißen Himmelslichtes in die Spektralfarben darzustellen und somit die Farbigkeit des Bogens zu erklären: Da die kürzeren Wellenlängen stärker gebrochen werden als die längeren, hat der blaue Bogen einen etwas kleineren Radius als der rote. Dies erklärt die Farbfolge des Hauptregenbogens: innen violett, dann indigo, blau, grün, gelb, orange und außen rot.

ENTSTEHUNG UND PHYSIK

Ein Regenbogen entsteht also, wenn Sonnenlicht von der hinter dem Beobachter stehenden Sonne auf eine vor dem Beobachter befindliche Regenwand fällt. Das Licht wird beim Eintritt in den Tropfen gebrochen, innen reflektiert und tritt unter erneuter Brechung wieder aus dem Tropfen aus. Die verschiedenen Wellenlängen werden bei der Brechung unterschiedlich stark abgelenkt und das Licht in seine Spektral-

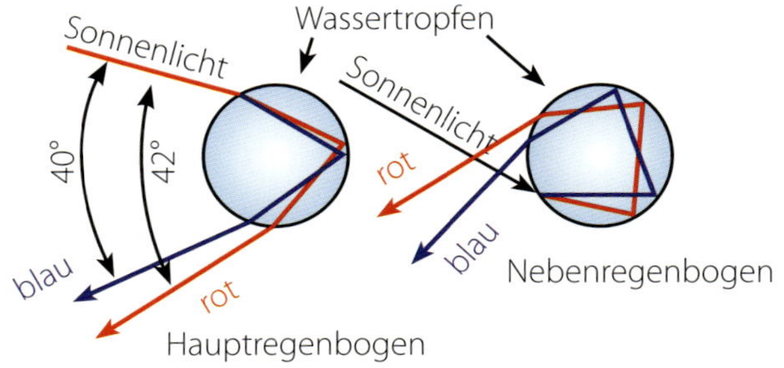

Lichtbrechung und Reflexion in einem Regentropfen für den Haupt- und den Nebenregenbogen. Das Sonnenlicht wird beim Eintritt in den Tropfen gebrochen, an der Rückwand ein oder zweimal reflektiert und tritt unter nochmaliger Brechung wieder aus dem Tropfen aus. Beim Hauptregenbogen liegt der Austrittswinkel für rotes Licht bei 42° und für blaues Licht bei 40°. Es sind auch kleinere Austrittswinkel möglich, die sich durch eine Aufhellung innerhalb des Regenbogens bemerkbar machen. Ein größerer Austrittswinkel als 42° ist physikalisch nicht möglich. Da in den äußeren Bereich somit kein Licht hineingestreut wird, erscheint dieser deutlich dunkler.

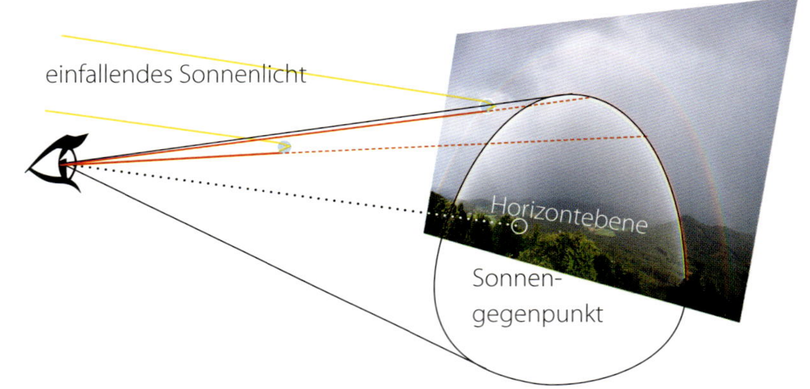

Der Regenbogenkegel zeigt die Lage des Regenbogens in Bezug auf das Beobachterauge. Dieses bildet die Spitze eines sich öffnenden Kegelmantels mit einem Winkel von 42° um den Sonnengegenpunkt. Alle Regentropfen, die durch diesen Kegelmantel fallen, lenken das gebrochene und reflektierte Licht in unser Auge.

farben zerlegt. Für jede Wellenlänge gibt es dabei eine bestimmte Eintrittsstelle in den Tropfen, so dass der Lichtstrahl eine minimale Ablenkung erfährt. Ob und wo ein Regenbogen sichtbar ist, hängt davon ab, wie viele Lichtstrahlen in einen bestimmten Winkelbereich abgelenkt werden.

Der Hauptregenbogen entsteht durch eine einfache innere Reflexion. Der weniger abgelenkte rote Lichtanteil des Bogens hat einen Winkelabstand von 42° 16', der stärker abgelenkte innere violette Bogen etwa 40° 44'. Während Descartes in seinen Veröffentlichungen von einem mittleren Radius von 41° ausgeht, hat sich in der Schulphysik ein Regenbogenwinkel von 42° eingebürgert.

Ein kleinerer Lichtanteil verlässt den Tropfen nach zweifacher innerer Reflexion und bildet den deutlich schwächeren Nebenregenbogen in umgekehrter Farbfolge. Durch die größere Auffächerung des Lichtstrahls in farbige Teilstrahlen (51° für rotes und 54° für blaues Licht), erfolgt eine weitere Helligkeitsschwächung.

Der Gegenpunkt der Sonne befindet sich so weit unterhalb des Horizontes, wie die Sonne über ihm steht. Da man vom Erdboden aus nur den Bereich des Regenbogens sehen kann, der sich über dem Horizont befindet, sieht man ihn nur bei sehr tief stehender Sonne als Halbkreis. Je höher die Sonne steigt, desto kleiner wird der sichtbare Bereich des Regenbogens, und bei einer Sonnenhöhe von 42° liegt der Hauptregenbogen komplett unter dem Horizont und ist im Flachland nicht mehr zu sehen.

Etwas anders verhält es sich, wenn man den Regenbogen von einem Berg oder vom Flugzeug aus beobachtet. Wenn es regnet, befinden sich vom Standpunkt des Beobachters aus gesehen auch unterhalb des Horizontes Wassertröpfchen, an denen sich das Sonnenlicht bricht und einen Regenbogen erzeugen kann. Er entsteht also nicht nur bei jeder Sonnenhöhe, sondern kann bei optimalen Bedingungen auch als kompletter Kreis beobachtet werden.

Natürlich kann der Regenbogen auch im Mondlicht entstehen. Aufgrund der bei Dunkelheit geringeren Farbwahrnehmung unseres Auges erscheinen diese Bögen nachts weiß und diffus. Erst das länger belichtete Bild der Kamera offenbart die Spektralfarben des nächtlichen Regenbogens.

Am häufigsten ist ein Regenbogenfuß oder ein kurzes, oberes Fragment des Hauptregenbogens zu sehen. Seltener erstreckt er sich als helles, halbkreisförmiges Band über den Himmel. Bei großen Tropfen ist der Regenbogen eher schmal. Je kleiner die Tröpfchen, desto breiter wird er. Dieser Effekt wird häufig durch das Vorhandensein von überzähligen Bögen, auch Interferenzbögen genannt, verstärkt: Bei kleinen Wassertröpfchen schließen sich aufgrund von Mehrfach-Streueffekten außen farbige, nach innen hin weiß auslaufende Bögen an der Innenkante des Hauptregenbogens an. Zu ihrer Erklärung reicht die Vorstellung der Lichtausbreitung durch Strahlen nicht mehr aus. Unter dem Hauptregenbogen und direkt über dem Nebenregenbogen werden fast parallele Lichtstrahlen aus der unmittelbaren Nachbarschaft der Strahlen des normalen Regenbogens gestreut. Sie haben im Tropfen unterschiedlich lange optische Wege zurückgelegt, und ihr Licht wird infolge seiner Wellennatur je nach Wegdifferenz der Wellen durch Interferenz verstärkt oder ausgelöscht. Da der Unterschied der Lichtwellen empfindlich vom Verhältnis der Lichtwellenlänge zur Größe der Tropfen abhängt, variieren diese Regenbögen stark mit der Tropfengröße und der Farbe des Lichtes. Der Regenbogen ist ein

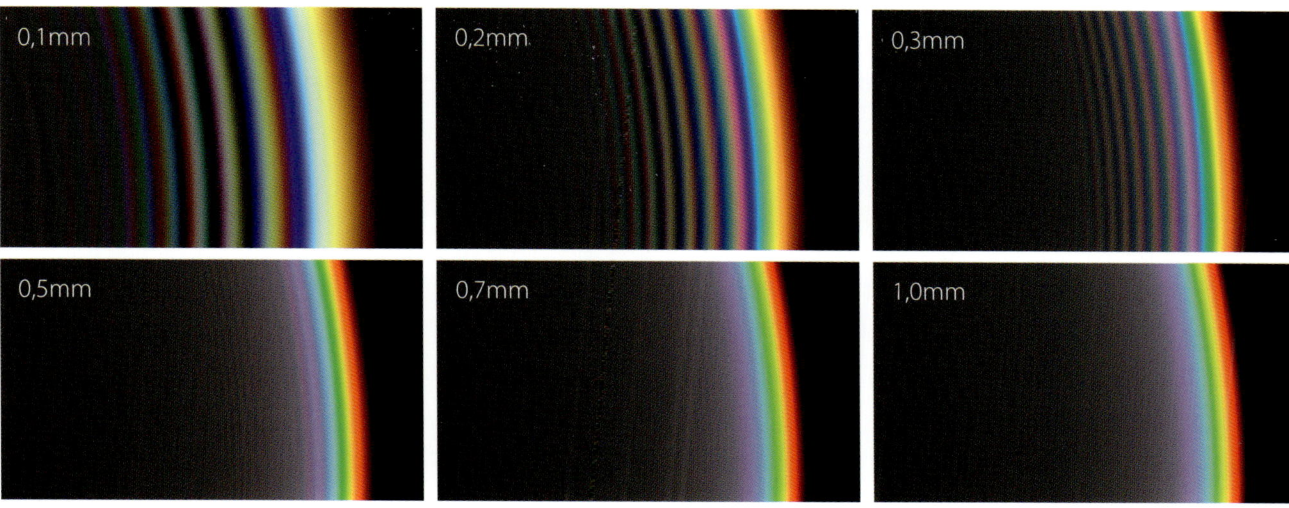

Abhängigkeit der Regenbogenfarben von der Tröpfchengröße. Je kleiner die Tröpfchen, desto breiter der Regenbogen und desto intensiver die Interferenzbögen. (Simulation mit IRIS von Les Cowley)

Wenn ein Lichtstrahl auf eine Grenzfläche zweier durchsichtiger Medien mit unterschiedlicher Brechzahl trifft (also zum Beispiel von Luft auf Wasser), so wird ein Teil des Lichtes reflektiert, der zweite Teil tritt in das andere Medium (in unserem Beispiel Wasser) ein. Dabei ändern sich die Ausbreitungsgeschwindigkeiten und damit die Richtung der Lichtausbreitung. Diese Richtungsänderung nennt man Brechung.

Das Maß für die Brechung ist der Brechungsindex. Die Bezeichnung kommt vom Begriff Brechung und seinem Auftreten im Snelliusschen Brechungsgesetz. Der Brechungsindex ist eine dimensionslose physikalische Größe. Er gibt das Verhältnis der Vakuumlichtgeschwindigkeit c_0 zur Ausbreitungsgeschwindigkeit c_M des Lichts im Medium an:

$n = c_0 : c_M$

Der Zusammenhang zwischen dem Brechungsindex und der Richtungsänderung des Lichtstrahls wurde 1621 von dem holländischen Physiker Willebrord Snellius entdeckt. Damit lässt sich die Winkelablenkung der Lichtwelle beim Übergang zwischen zwei homogen, isotropen Medien berechnen. Aufgrund des Brechungsgesetzes lassen sich zwei grundlegende Aussagen über die Richtungsänderung des Lichts treffen:

- geht Licht vom optisch dünneren Medium in ein optisch dichteres Medium über, so wird es zum Einfallslot hin gebrochen
- geht Licht von einem optisch dichteren Medium in ein optisch dünneres Medium über, wird es vom Einfallslot weg gebrochen

Durch die unterschiedliche Brechzahl der Medien wird Licht unterschiedlicher Wellenlänge verschieden stark gebrochen, da die Lichtgeschwindigkeiten von der Wellenlänge abhängen. So kommt es zu einer spektralen Aufspaltung des weißen Lichts, zur so genannten Dispersion. Das bekannteste Beispiel ist der Regenbogen.

Der in das Prisma einfallende Lichtstrahl wird gebrochen und in Spektralfarben aufgespalten. Die Aufspaltung kommt zustande, weil der Brechungsindex nicht für alle Wellenlängen gleich ist; diese Abhängigkeit des Brechungsindex von der Wellenlänge bzw. Frequenz nennt man Dispersion, sie ist Ursache für einige schöne atmosphärische Farberscheinungen.

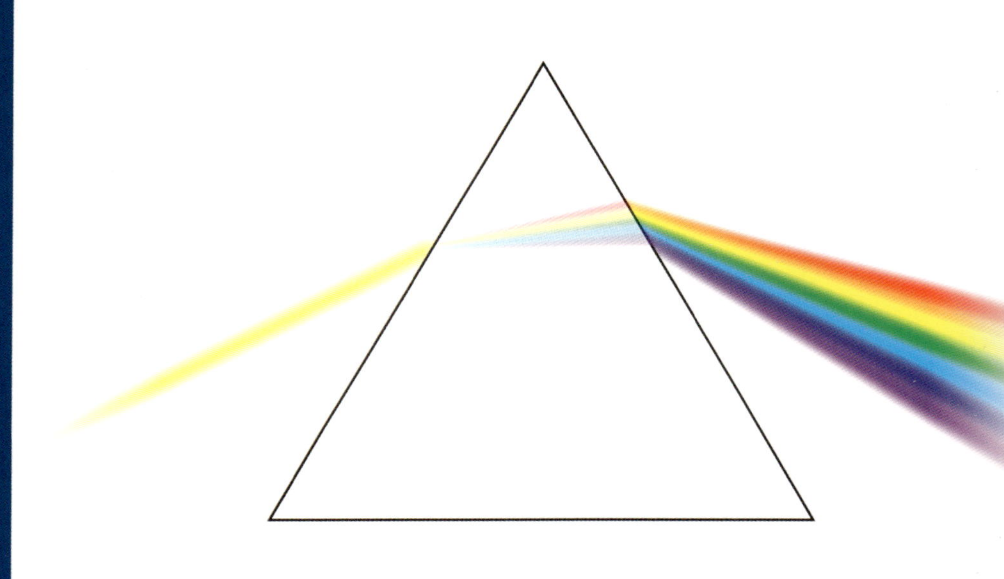

Links: Die Farbaufspaltung des Lichtes in einem einzelnen Wassertropfen (unscharf fokussiert).

Rechts: Ein an der Grenzfläche von Luft zu Wasser geknickter Ast.

richtungsgebundenes Phänomen der Lichtablenkung und steht deshalb nicht an einem bestimmten Ort im Raum. Tatsächlich sieht jeder Beobachter den Regenbogen, der durch die Tropfen erzeugt wird, die sich auf seinem Beobachtungskegel befinden und dessen Spitze sein Auge bildet. Dieser Kegel – und damit der Regenbogen, den der Beobachter sieht – bewegt sich also mit dem Beobachter mit. Dies wird vor allem bei nahen Spritzwasserregenbögen an Wasserfällen oder Sprenkleranlagen deutlich. Bei der Beobachtung von Regenbögen kann man gelegentlich entdecken, dass der Himmel zwischen den beiden Bögen auffällig dunkel ist. Diesen Bereich nennt man »Alexanders dunkles Band« zu Ehren von Alexander von Aphrodisias (ca. 200 n. Chr.), einem Philosophen und Kommentator des Aristoteles, der dieses Phänomen zuerst beschrieb. Es kommt dadurch zustande, dass durch die Brechungsvorgänge das Licht zwischen 42° und 52° größtenteils auf die beiden Bögen umgelenkt und dort konzentriert wird. Damit bleibt für den Bereich zwischen den Bögen nur noch eine schwache Restausleuchtung übrig.

Regenbögen höherer Ordnung (nach Lynch/Livingston)

Wissenschaftlicher Name	Ordnung	Intensitätsverhältnis zum Primären Regenbogen	Öffnungswinkel	Winkelbreite des Bogens
Primärer Regenbogen	1. Ordnung	100%	42,38°	1,72°
Sekundärer Regenbogen	2. Ordnung	43%	50,37°	3,11°
Tertiärer Regenbogen	3. Ordnung	24%	137,52°	4,37°
Quartärer Regenbogen	4. Ordnung	15%	137,24°	5,58°
Quintärer Regenbogen	5. Ordnung	10%	52,92°	6,78°

REGENBOGEN HÖHERER ORDNUNG

Haupt- und Nebenregenbogen entstehen, wenn das Licht im Regentropfen einfach oder doppelt reflektiert wird. In der

Lichtweg bei Regenbögen nullter bis fünfter Ordnung.

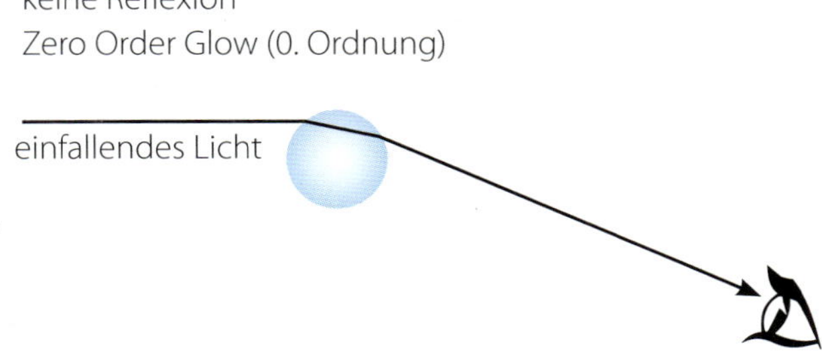

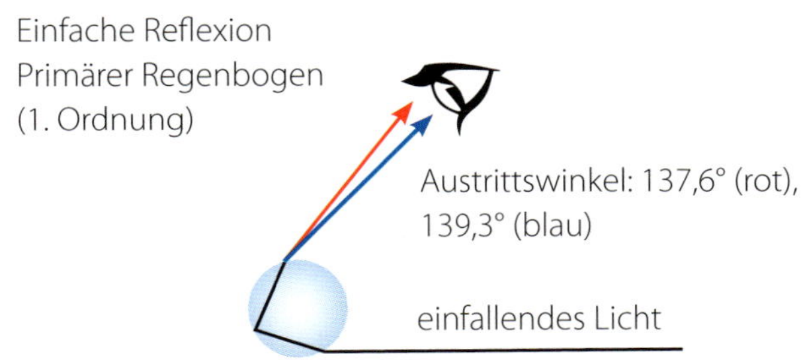

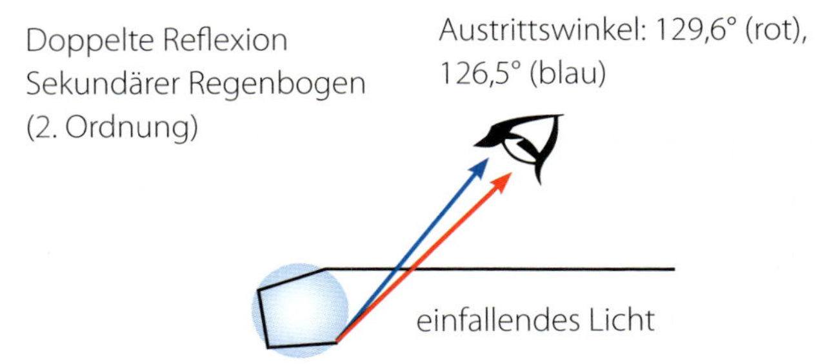

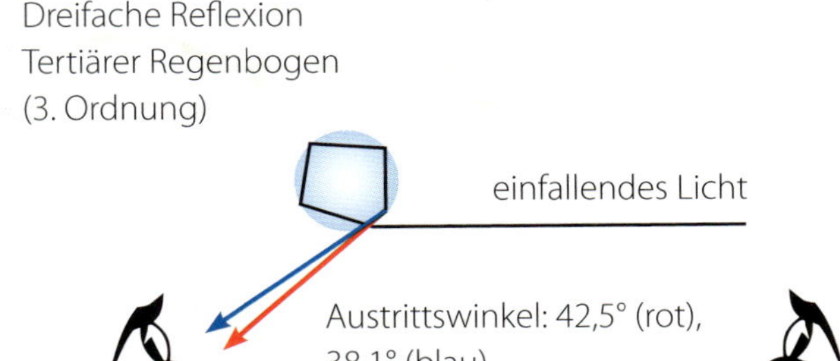

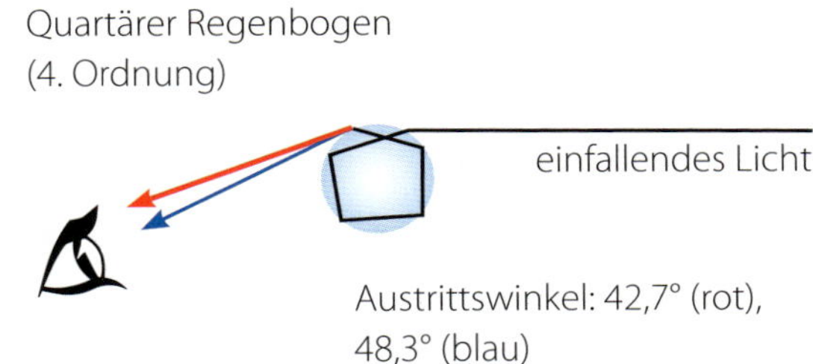

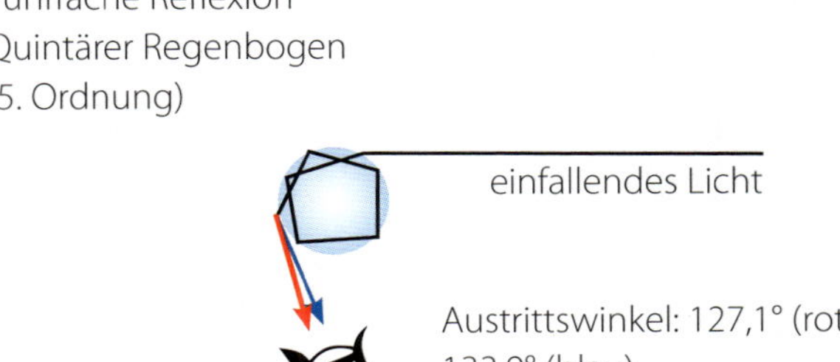

Theorie sind zusätzlich Regenbögen mit drei- und mehrfachen Reflexionen beschrieben, die je nach Anzahl der Reflexionen innerhalb eines Tropfens in verschiedene Ordnungen eingeteilt werden. Michael Großmann hat historische Versuche von Billet und Walker mit einem grünen 5mW-Laser wiederholt und an einzelnem Wassertropfen Regenbögen bis zur 13. Ordnung erzeugt.

Wenn bei Regen gleichzeitig die Sonne scheint, erreicht im Gegensonnenbereich einfach und doppelt reflektiertes Licht das Beobachterauge und bildet den primären und sekundären Regenbogen, also die Regenbögen 1. und 2. Ordnung. In Sonnenrichtung erscheint bei tief stehender Sonne und vor allem bei sehr kleinen Tröpfchen oft ein intensives orangegelbes bis rotes Leuchten. Dieses so genannte »Zero Order Glow« (Regenbogenglühen 0. Ordnung) gehört ebenfalls zur Familie der Regenbögen. Allerdings wird in diesem Fall das Licht nur jeweils beim Ein- und Austritt in den Regentropfen gebrochen, aber nicht reflektiert. Deshalb entsteht kein farbiges Band, sondern ein diffuses Leuchten mit einem Radius von bis zu 40°. Besonders eindrucksvoll ist das Zero Order Glow von Bergen zu beobachten, wenn sich die in Täler fallenden Wassertröpfchen tiefrot färben.

Simulation der Regenbögen erster bis sechster Ordnung in einem Wassertropfen im künstlichen weißen Licht.

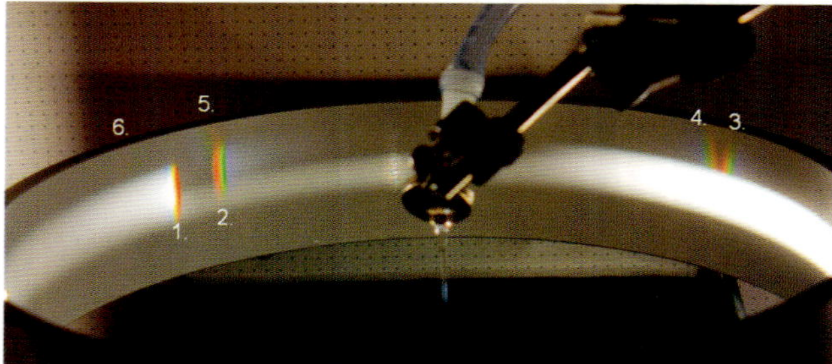

Lange Zeit wurde in Fachkreisen darüber diskutiert, ob auch Regenbögen höherer Ordnung in der Natur zu sehen sein können. Für jede weitere Reflexion steht weniger Licht zur Verfügung, da ein Großteil bereits zum Haupt- und Nebenregenbogen abgelenkt wurde. Zudem sind die Regenbögen 3. und 4. Ordnung in Sonnenrichtung zu sehen, wo der Himmel überstrahlt und der Kontrast zum Himmelshintergrund stark herabgesetzt ist.

Fragment eines doppelten Regenbogens, wie er am häufigsten gesehen wird.

ENTDECKUNG HÖHERER REGENBOGEN-ORDNUNGEN

Am 15. Mai 2011 gelang es Michael Großmann aus Kämpfelbach nach umfangreichen experimentellen Vorarbeiten erstmals, einen Regenbogen der 3. Ordnung fotografisch zu dokumentieren. *»Die Bedingungen waren an diesem Abend ideal. Die Sonne stand noch ca. 8° über dem Horizont, als es an meinem Beobachtungspunkt heftig anfing zu regen. Die Sonne schien die ganze Zeit ungehindert durch. Einen kurzen Blick auf den primären und sekundären Bogen erlaubte ich mir noch, denn die beiden waren schon grandios und schön anzusehen. Aber mein Augenmerk galt dem bis dato noch nicht nachgewiesenen tertiären Bogen. In der ungefähren Position, in der ich ihn vermutete, machte ich einige Bilder. Ob ich ihn visuell deutlich gesehen habe, kann ich nicht sagen. Es war vielmehr ein Schimmern, ein zu erahnender Bogen.«*

Zur genaueren Bestimmung des Radius untersuchte Alexander Haußmann, ein Spezialist im Bereich der Photophysik, die Aufnahme und führte eine Reihe von Winkelvermessungen und Kalibrierungen durch. Damit konnte die Identität des Bogens als Regenbogen dritter Ordnung gesichert werden.

Nicht einmal einen Monat später wies Michael Theusner die natürliche Existenz der 4. Ordnung, also den quartären Regenbogen fotografisch nach. Am 11. Juni 2011 *»zog über Bremerhaven gegen 20:00 ein kräftiges Gewitter hinweg. (...) Als das Gewitter abzog und die Sonne herauskam, erinnerte ich mich sofort an die Situation, die Michael Großmann Mitte Mai hatte, und den Regenbogen 3. Ordnung fotografieren konnte. Die Bedingungen, die ich hatte, waren ganz ähnlich. Rechts der Sonne stand eine dunkle Wolkenwand, und es regnete weiterhin recht kräftig an meinem Standort. Deswegen nahm ich mehrere Aufnahmeserien auf, um so vielleicht ebenfalls einen Regenbogen 3. Ordnung nachweisen zu können. Visuell sah ich davon aber nichts. Zu Hause stackte ich je 5 Bilder – und tatsächlich, auf zwei war er zu sehen! Die letzte Bildserie zeigt jedoch nicht nur den Bogen 3. Ordnung, sondern dicht rechts daneben mit umgekehrter Farbreihenfolge, da wo er sein soll, auch den der 4. Ordnung!«*

Der Regenbogen 5. Ordnung liegt genau zwischen Haupt- und Nebenregenbogen. Da die Kameras immer besser werden und Bildbearbeitung größere Möglichkeiten bietet, wird vermutlich auch dieser in absehbarer Zeit am Himmel nachgewiesen werden können.

Der erste fotografische Nachweis des tertiären Regenbogens von Michael Großmann. Das Foto wurde mit unterschiedlichen Filtern und Kontrastanhebungen bearbeitet, um ihn deutlicher sichtbar zu machen. (oben)

Fotografischer Nachweis des quartären Regenbogens von Michael Theusner. Mit Hilfe eines Bildbearbeitungsprogramms wurden fünf Bilder übereinandergelegt (»gestackt«) und das Bild zudem unscharf maskiert. Damit wird die Lichtausbeute erhöht und lichtschwache Erscheinungen werden sichtbar gemacht. (links)

SEITE 92:

Unterer Teil eines roten Regenbogens über dem Leitzachtal, aufgenommen vom 1838m hohen Wendelstein. Links ist der lange Bergschatten zu sehen, an dessen Spitze der Sonnengegenpunkt liegt.

SEITE 93:

Morgendlicher roter Regenbogen auf der Zugspitze (2962m), dessen rechter Teil bis nach Ehrwald hinunter reicht.

SEITE 94:

Flacher doppelter Regenbogen über dem oberbayrischen Inntal. Die Sonnenhöhe betrug ca. 40°, weshalb der obere Scheitelpunkt des Hauptregenbogens nur noch wenig über dem Horizont liegt. Bemerkenswert sind auch die Interferenzbögen an der Innenseite des Hauptregenbogens.

SEITE 95:

Roter Regenbogen bei Sonnenuntergang. Durch den langen Weg des Lichtes der tief stehenden Sonne durch die Erdatmosphäre werden die kurzwelligen Farben größtenteils gestreut. Dieses Licht kann innerhalb des Tropfens nur noch in die langwelligen roten Farbtöne zerlegt werden.

SEITE 96/97:

Interferenzen an der Innenseite des Hauptregenbogens und der Außenseite des Nebenregenbogens.

SEITE 98:

Mehr als halbkreisförmiger Regenbogen kurz vor Sonnenuntergang auf dem 1838m hohen Wendelstein. Wenn die Sonne nah am Horizont steht, ist der Regenbogen in seiner größten Ausdehnung zu sehen.

SEITE 99:

Regenbogen unter dem Horizont bei einer Sonnenhöhe von 60°. Wenn die Sonne höher als 42° steht, kann man einen Regenbogen nur noch von einem höher gelegenen Standpunkt aus sehen, wo Regen unterhalb des Beobachters ins Tal fällt.

SEITE 100:

Kompletter kreisrunder Regenbogen mit der Autorin in der Mitte, aufgenommen in der Gischt des Seljalandfoss-Wasserfalls in Island.

SEITE 101:

Intensives Zero Order Glow bei Sprühregen im Leitzachtal, aufgenommen vom Wendelstein in den Bayrischen Alpen.

NEBELBOGEN

Im Nebel kann eine andere Spielart des Regenbogens beobachtet werden: Der Nebelbogen. Dieser Bogen ist nahezu weiß und sein Band etwa doppelt so breit wie bei einem normalen Regenbogen. An der Innenseite liegen manchmal noch Interferenzbögen, die je nach Tröpfchengröße weiß bis leicht rötlich erscheinen können. Sein Radius beträgt etwa 42°, wird jedoch mit abnehmender Tröpfchengröße kleiner.

Nebel besteht aus sehr kleinen Wassertröpfchen. Bei einer Tröpfchengröße unterhalb von 50 Mikrometern überlagern sich die Regenbogenwinkel der einzelnen Spektralfarben so, dass sie zusammen weißes Licht ergeben. Sind die Tröpfchen noch kleiner, dann wird der Bogen immer diffuser und lichtschwächer und ist ab einer Tröpfchengröße von 5 Mikrometern nicht mehr erkennbar.

Interferenzbögen am Nebelbogen sind im Flachland recht selten zu beobachten, aber wenn man sich auf einen Berg von 3000m oder höher begibt, dann sind sie fast an jedem Nebelbogen zu sehen. In dieser Höhe befindet man sich im Bereich mittelhoher Wolken, wo die Tröpfchen nicht nur kleiner sind, sondern auch häufiger eine gleichmäßigere Verteilung haben.

WOLKENBOGEN

In seltenen Fällen entsteht ein weißer bis rötlicher Bogen an Wolken, aus denen es nicht regnet. Vorwiegend tritt er dann auf, wenn aus einer Wolkenschicht Regentropfen austreten, die auf ihrem Weg zum Erdboden verdunsten. Solche so genannten Fallstreifen können selbst an mittelhohen und hohen Wolken auftreten.

Von einem erhöhten Standpunkt oder vom Flugzeug aus kann man den Wolkenbogen häufiger auf der Oberfläche tieferer Wolken beobachten. Als horizontaler Bogen wirkt er aufgrund der Perspektive häufig elliptisch oder parabelförmig. Oft ist der Übergang zum Nebelbogen fließend, wenn die Wolken aufsteigen und der horizontale Bogen sich allmählich aufrichtet. In solchen Fällen ist eine eindeutige Unterscheidung der physikalisch identischen Erscheinungen kaum mehr möglich.

UNGEWÖHNLICHE REGENBOGEN-ERSCHEINUNGEN

Sowohl in der Vergangenheit als auch in der Gegenwart finden sich immer wieder Beobachtungen ungewöhnlicher Regenbogenerscheinungen. Es wird von gespaltenen Regenbögen berichtet, von Bögen, die ihre Gestalt bei Blitzentladungen verändern, von Halbkreisen, welche die normalen Bögen kreuzen oder sogar wie ein Zwilling neben ihm stehen. Einige dieser Phänomene sind bis heute nicht geklärt, da es einfach zu wenige Sichtungen gibt. Zwei dieser Erscheinungen kann man bei aufmerksamer Beobachtung durchaus selbst sehen.

GESPALTENER REGENBOGEN

Während starker Regenschauer wird manchmal eine deutliche Spaltung am oberen Scheitelpunkt des Regenbogens beobachtet, die oft nur wenige Sekunden bis hin zu mehreren Minuten auftritt. Da es lange Zeit nur wenige Beobachtungen dieser Erscheinung gab, konnte über die Entstehung nur spekuliert werden. Erst in den letzten Jahren wurde die Spaltung durch kontinuierliche Beobachtung häufiger registriert und man konnte aufgrund einiger detaillierter Angaben neue Theorien aufstellen. Da bei allen Sichtungen beide Bögen die gleiche Helligkeit aufweisen, scheidet eine Brechung

Lichtbrechung bei einem runden und einem abgeplatteten Regentropfen. Je größer der Regentropfen, umso größer die Abplattung beim freien Fall und desto kleiner der Regenbogen. Wenn sich die Geometrie des Tropfens ändert, so ändert sich auch die Lage des Eintrittspunktes und des Austrittspunktes im Raum, was eine andere Wegstrecke des Strahlenganges im Tropfen und damit eine Änderung des Gesamtablenkwinkels zur Folge hat. Treten – meist in Schauer- oder Gewitterwolken – sowohl kleine, runde als auch große Tropfen mit Abplattung auf, kann man zwei überlagerte Regenbögen beobachten, die aus Beobachterperspektive eine Spaltung ergeben.

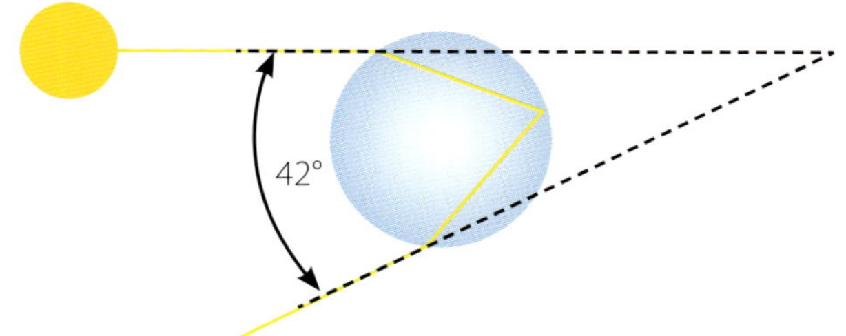

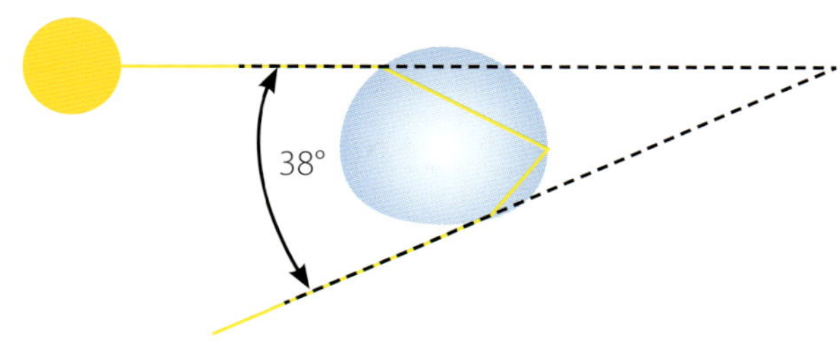

an Eispartikeln (wie sie im oberen Teil einer Schauerwolke zu finden sind) aus. Am wahrscheinlichsten ist, dass nicht-kugelförmige Regentropfen einen oder beide Bögen produzieren. Kleine Regentröpfchen werden aufgrund der Oberflächenspannung beim freien Fall kaum verändert, aber große Tropfen können durch den Luftwiderstand flach gedrückt werden oder sogar zwischen flach gedrückten und verlängerten Sphäroidenformen oszillieren. Je größer die Abplattung ist, desto kleiner wird der Ablenkungswinkel.

In der Praxis heißt das also, dass das Sonnenlicht gleichzeitig auf verschieden große Wassertropfen fallen muss, um diese Spaltung zu erzeugen. Da dieses Phänomen bisher nur an mächtigen Schauer- und Gewitterwolken nach großer Hitze beobachtet wurde, kann man davon ausgehen, dass die kleinen, also nicht deformierten Regentropfen kurz unterhalb der Wolke verdunsten. Das würde erklären, warum der Bogen nur für kurze Zeit und ausschließlich im oberen Bereich zu sehen ist. Am meisten variiert die Tröpfchengröße bei stark ausgeprägten Schauer- und Gewitterwolken, da dort die Tröpfchen im Wolkeninneren durch starke Aufwinde sehr groß werden, bevor sie abregnen, während am Wolkenrand auch kleinere Tropfen zu Boden fallen. Deshalb ist an einem mächtigen Cumulonimbus das Auftreten eines gespaltenen Regenbogens am wahrscheinlichsten.

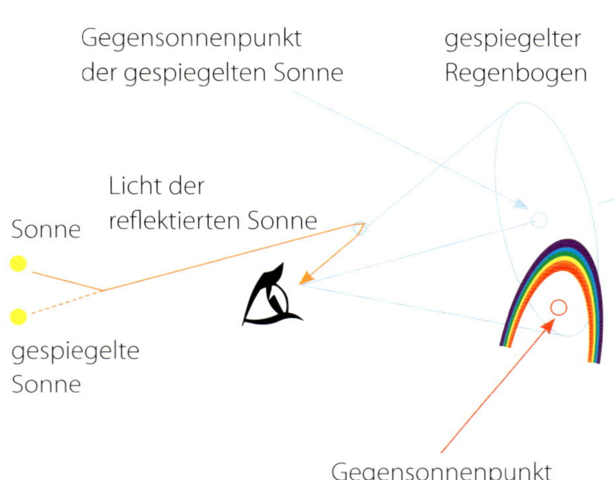

Entstehung des gespiegelten Regenbogens. Aufgrund der zwei Lichtquellen (Sonne und gespiegelte Sonne) entstehen zwei Regenbögen mit 42°-Radius um den jeweiligen Sonnengegenpunkt.

Regenbogen und gespiegelter Regenbogen bei unterschiedlicher Sonnenhöhe.

GESPIEGELTER REGENBOGEN

Über Wasserflächen werden manchmal zusätzlich zum Haupt- und Nebenregenbogen weitere ungewöhnliche Bögen beobachtet. Dabei handelt es sich um Regenbögen, die durch gespiegeltes Sonnenlicht erzeugt werden. Zusammen mit dem gewöhnlichen Regenbogen können auf den ersten Blick sehr komplizierte Regenbogenerscheinungen auftreten, bei denen je nach Beobachtungsbedingungen mehrere Regenbögen gleichzeitig zu sehen sind. So wurden zum Beispiel unter besonders günstigen Bedingungen in Norwegen und Australien sechs Regenbögen gleichzeitig beobachtet.

Die Entstehung des zusätzlichen Haupt- und Nebenregenbogens lässt sich so erklären: Die Wasserfläche wirkt als ein großer Spiegel. Das Sonnenspiegelbild befindet sich ebenso weit unterhalb des Horizontes, wie die Sonne darüber steht (Einfallswinkel = Ausfallswinkel). Der Sonnengegenpunkt der gespiegelten Sonne liegt daher um den zweifachen Betrag der Sonnenhöhe oberhalb des Horizontes. Dieser Punkt ist der Mittelpunkt der beiden Regenbogenkreise des gespiegelten Sonnenlichts. Die zusätzlichen Regenbögen sind daher gegenüber dem gewöhnlichen Haupt- und Nebenregenbogen um den zweifachen Betrag der Sonnenhöhe nach oben versetzt.

Voraussetzung für die Entstehung ist eine möglichst ruhige Wasseroberfläche. Schon bei leichten Wellen divergieren die Sonnenstrahlen zu stark, um noch einen merklichen »Spiegelbogen« zu erzeugen. Die Wasserfläche sollte sich möglichst vor dem Beobachter befinden, wenn er in Richtung des Regenbogens schaut. Dann ist mit dem zusätzlichen Bogenfragment am Fuß des gewöhnlichen Regenbogens zu rechnen. Aber auch mit dem See im Rücken können, wenn auch seltener, die ungewöhnlichen Regenbögen entstehen. In diesem Fall sieht man eher den oberen Bereich des »Spiegelbogens«.

NICHT-HIMMLISCHE REGENBÖGEN

Die Erscheinung des Regenbogens beschränkt sich nicht nur auf Regen, sondern kann ebenso an anderen Tropfenansammlungen wie zum Beispiel in Gischt, an Wasserfällen oder an den Tautropfen auf einer Wiese beobachtet werden. Aufgrund des geringen Kontrastes des Regenbogens zum Grün des Grases und der ungewöhnlichen Projizierung auf eine waagerechte Fläche ist es für ungeübte Beobachter recht schwierig, einen solchen Taubogen auszumachen. Am einfachsten ist er als Fortsetzung des »himmlischen« Regenbogens nach unten erkennbar. Wenn dieser nicht zu sehen ist, kann man durch Bewegung ein mitwanderndes farbiges Aufglitzern der Tautröpfchen wahrnehmen. Besser kommt der Taubogen bei Tautröpfchen an Spinnenweben zur Geltung. Wenn der gedachte Regenbogenkreis um den Sonnengegenpunkt oder in diesem Fall um die Spitze des Beobachterschattens direkt durch die Spinnenwebe verläuft, dann ist ein prachtvolles, farbig schillerndes Bogenfragment zu sehen.

FOTOGRAFIE UND BEOBACHTUNG

Regenbögen sind am häufigsten bei Schauerwetter, also einem Wechsel aus Sonne und kurzen Niederschlagsphasen, vor allem in den Nachmittagsstunden und am Abend zu beobachten. Dann steht die Sonne im Westen tief genug, um auf der meist nach Osten hin abziehenden Schauerwand einen Regenbogen zu erzeugen. Im Internet stehen heutzutage genügend Hilfsmittel zur Verfügung, um die Beobachtung und Fotografie eines Regenbogens planen und sie wunderbar in Szene setzen zu können. Ein Niederschlagsradar informiert über die Zugrichtung und Größe der Niederschlagsgebiete. Ein hoch aufgelöstes Satellitenbild verrät die Wolkensituation zwischen den einzelnen Schauern. Sind Wolkenlücken erkennbar, kann man mit großer Wahrscheinlichkeit mit einem Regenbogen rechnen. Allerdings ist auch die Sonnenhöhe entscheidend, diese muss im Flachland unter 40° liegen, damit sich der Hauptregenbogen oberhalb des Horizontes zeigt. Dafür gibt es kleine Programme und Apps, welche die aktuelle Sonnenhöhe anzeigen. Das alles ermöglicht mit der Sonne im Rücken nun gezielt an einer abziehenden Schauerwand nach dem Regenbogen Ausschau zu halten.

Für die Fotografie eignet sich am besten ein Ort mit freiem Horizont, so dass man möglichst viel von dem Bogen sehen kann. Die Ansprüche an die Kamera sind beim Regenbogen nicht sehr hoch, selbst mit Handykameras kann man im vollautomatischen Modus oftmals schon die Schönheit dieser Erscheinungen festhalten. Sind an der Kamera verschiedene Bildstile vorhanden, sollte »Landschaft« ausgewählt werden, da hier der Kontrast und die Farbsättigung höher sind. Reicht der Abbildungswinkel des Objektives nicht aus, um den kompletten Bogen abzulichten, empfiehlt sich die Aufnahme von sich überlappenden Teilausschnitten, die man später mit einem Stitchprogramm (zum Beispiel Autostitch) zu einem Panorama zusammenfügen kann.

Für Kamerabesitzer, welche die Möglichkeit manueller Belichtungseinstellungen haben, empfiehlt sich eine Serie mit unterschiedlicher Belichtung und verschiedenen Einstellungen zur Belichtungsoptimierung. Die Nennung eines pauschalen Wertes ist nicht möglich, da dies von der Gesamthelligkeit, dem Kontrast zum Hintergrund und der Helligkeit des Bogens selbst abhängig ist. Bei einer Unterbelichtung kommen die Farben und eventuelle Interferenzbögen oft noch besser zum Vorschein als mit einer Belichtung im automatischen Modus. Allerdings wird auch der Vordergrund dunkler. Mit Belichtungsserien hat man später die Wahl, ob der Regenbogen an sich oder eher der Vordergrund das Bild dominieren soll. Auch die Verwendung eines Polarisationsfilters ist bei der Regenbogenfotografie äußerst lohnend. Da das vom Regenbogen reflektierte Licht einen sehr hohen Polarisationsgrad hat, verstärkt der Polarisationsfilter bei maximaler Lichtdurchlässigkeit den Kontrast und die Helligkeit des Regenbogens enorm.

Interessant ist auch die Fotografie eines Nachtregenbogens. Während unser Auge den Bogen oft nur diffus und weiß wahrnimmt, werden auf dem Kamerabild bei längerer Belichtung auch die Farben sichtbar.

Die besten Voraussetzungen für die Beobachtung eines Nebelbogens ist eine Nebelwand vor dem Beobachter mit der ungetrübten Sonne im Rücken. Bei Bodennebel kann man sich zur Abhilfe auf einen kleinen Hügel stellen und dann nach unten auf den Nebel schauen.

Die Fotografie des Nebelbogens und des Wolkenbogens unterscheidet sich nur unwesentlich von der des Regenbogens. Jedoch ist hier die Verwendung eines Polarisationsfilters meist unverzichtbar, da der Kontrast des weißlichen Bogens zum meist grauen Hintergrund nur sehr gering ist. Ähnliches trifft auch für den Taubogen zu, dessen Farben sich ebenfalls kaum von der grünen Wiese abheben. Hier erreicht man die besten fotografischen Ergebnisse nachts, wenn eine längere Belichtung möglich ist.

SEITE 105:

Fast kompletter Nebelbogen, aufgenommen vom Roque de los Muchachos, La Palma.

SEITE 106:

Nebelbogen auf dem Wendelstein an einer quellenden Cumuluswolke.

SEITE 107:

Nebelbogen mit zahlreichen Interferenzbögen in den sehr kleinen Tröpfchen mittelhoher Altocumulus-Wolken. Aufgenommen in 2962m Höhe auf der Zugspitze.

SEITE 108 OBEN:

Wolkenbogen an mittelhohen und hohen Wolken.

SEITE 108 UNTEN:

Leicht rötlicher Wolkenbogen an der Oberkante einer Schneeschauerwolke.

SEITE 109:

Wolkenbogen auf einer tiefer liegenden Wolkendecke, vom Berg aus gesehen.

SEITE 110/111:

Doppelter Regenbogen, dessen Hauptbogen am Scheitel gespalten ist. Aufgenommen in Brannenburg im oberbayrischen Inntal. Dieses Bild ist kontrastverstärkt, um die Spaltung besser erkennen zu können.

SEITE 112:

Regenbogen am gespiegelten Sonnenlicht mit Spiegelfläche vor dem Beobachter, aufgenommen auf dem Isfjord auf Spitzbergen.

SEITE 113:

Regenbogen am gespiegelten Sonnenlicht mit Spiegelfläche hinter dem Beobachter, aufgenommen in Dürrenäsch, Schweiz, etwa 3km vom Hallwilersee entfernt.

SEITE 114:

Taubogen in Tautröpfchen auf den Blättern von Ölrettich.

SEITE 115:

Regenbogenfragment in den Tautröpfchen an einer Spinnenwebe.

HÖFE, KRÄNZE UND IRISIERENDE WOLKEN

FARBIGE KRANZERSCHEINUNGEN

Wenn am Mond dünne Schäfchenwolken vorüberziehen, bilden sich um diesen manchmal farbige Lichtkreise. Der Erdtrabant selbst ist dann meist in ein weißes Scheibchen mit innen bläulichem und außen bräunlichrötlichem Saum gebettet, an den sich oftmals farbige Ringe anschließen. Diese Lichterscheinung entsteht auch um die Sonne, jedoch ist sie aufgrund der hohen Blendwirkung des Tagesgestirns und dem geringen Kontrast zum extrem hellen Himmelshintergrund um ein Vielfaches schwieriger zu beobachten. Bei günstigen Verhältnissen können selbst um helle Planeten oder Sterne wie zum Beispiel Venus oder Sirius scheibchenförmige Aufhellungen beobachtet werden.

Die Namen für diese Erscheinung sind sehr vielfältig. So ist aus dem Griechischen der Name Korona (κορώνα) überliefert, der zu deutsch Kranz oder Krone bedeutet. Auch die allgemeinen Bezeichnungen Hof und Aureole sind in der Literatur sehr gebräuchlich. Die heute geläufigsten Begriffe sind Hof für den bläulichweißen Innenbereich unmittelbar am Gestirn und Kränze für die konzentrischen farbigen Ringe, die sich nach außen an diesen anschließen.

Die physikalische Ursache der Kränze ist Lichtbeugung an den kleinen Wassertröpfchen der dünnen, lichtdurchlässigen Wolken. Das Licht dringt also nicht wie beispielsweise beim Regenbogen in den Tropfen ein, sondern wird aus seiner ursprünglichen Richtung ab- und um das Hindernis herum gelenkt. Die Überlagerungen dieser gebeugten Wellen können Interferenzerscheinungen hervorrufen, die so genannten Beugungsbilder. Wie diese aussehen, hängt unter anderem von der Form des beugenden Gegenstandes ab. Wassertropfen sind kugelförmig und bilden daher für das sich ausbreitende Licht ein kreisförmiges Hindernis und deshalb bei gleicher Tröpfchengröße ein nahezu rundes Beugungsbild.

Wenn die Größe der Tröpfchen untereinander variiert, differiert der Winkelabstand des ausgelenkten Lichtes. Schon bei einer nur zehnprozentigen Größenabweichung ist der Kranz bereits sehr verschwommen, bei 20% Differenz ist er kaum noch zu sehen. Die Größe des Kranzes ist zudem von der Tröpfchengröße abhängig: Je kleiner die Tröpfchen, desto größer und farbintensiver ist die Erscheinung. Sind die Wassertropfen extrem klein, kann bei optimalen Bedingungen der Durchmesser des Kranzes eine Größe von bis zu 30° annehmen.

Kränze können nicht nur an Wolken entstehen. Immer dann, wenn der Beobachter durch Wassertröpfchen hindurch auf eine Lichtquelle blickt, sieht er Kränze. So sind Straßenlampen im Nebel ebenso von Kränzen umgeben wie das Sonnenbild hinter einem angelaufenen Fenster oder die durch eine beschlagene Brille betrachtete Deckenlampe. Letztendlich kann man sich einen Kranz selbst erschaffen, indem eine Glasscheibe angehaucht und durch diese zu einer Lichtquelle geblickt wird.

IRISIERENDE WOLKEN

Manchmal ist zu beobachten, dass die Farben von Wolken in Sonnennähe nicht kreisförmig, sondern willkürlich angeordnet sind. Ein solcher Irisieren genannter Effekt ist meist an den dünnen Wolkenrändern von sich schnell verändernden Föhnwolken zu sehen, aber auch zusammenhängende Wolkenfelder irisieren gelegentlich in eindrucksvoll lebendigen Farben.

Die wohl bekannteste und auch schönste Beschreibung von Irisierenden Wolken stammt von Johnstone Stoney aus dem Jahre 1887: *»Wenn über dem Himmel leichteres Gewölk sich breitet, zeigt sich zuweilen eine Lichterscheinung von zartester Schönheit. Die Ränder der Wölkchen und ihre dünneren Partien sind übergossen von leichten perlmutterartigen Farbtönen, unter welchen ein liebliches Rot und Grün am deutlichsten hervortritt. Meistens sind diese Farben in unregelmäßig zerstreuten Flecken verteilt, gerade so wie bei der Perlmutter, aber zuweilen sieht man um die dichteren Wölkchenpartien einen regelmäßigen farbigen Saum bilden, in welchem die verschiedenen Farben in Streifen angeordnet sind, die den Einkerbungen der Umrisse des Gewölkes folgen.«*

Obwohl noch nicht alle Einzelheiten geklärt sind, kann man auch das Irisieren durch Beugung an sehr kleinen Wassertröpfchen deuten, welche für sich genommen sehr große Kränze mit breiten Abschnitten gleicher Farbe erzeugen würden. Hinzu kommt dann aber, dass die Größe der Tröpfchen innerhalb der Wolke variiert, d. h. im Allgemeinen zu den Wolkenrändern hin abnimmt. Dadurch nehmen jeweils begrenzte Wolkenteile andere Farben an, welche eher der Wolkenstruktur mit farbigen Konturen folgen. In einem Bereich sich verändernder Tröpfchengröße sind also die Farben nicht mehr kreisbogen-, sondern häufig streifenförmig angeordnet. Treten die Farben nur kleinräumig auf, scheinen sie häufig sogar keiner geometrischen Struktur mehr zu folgen.

Irisierende Wolken, die mehr als 30° Abstand zur Sonne haben, lassen sich nur schwer mit Beugung an Wassertröpfchen erklären. In diesen Fällen werden die Farben durch Interferenzerscheinungen an Eisplättchen erzeugt und sind deshalb fast ausschließlich an hohen Cirruswolken zu beobachten. Sonnenfernes Irisieren ist sehr selten, recht lichtschwach und lässt sich nur schwer dokumentieren.

FARBIGE KRÄNZE AN POLLEN UND ALGEN

Nicht nur Wassertröpfchen können farbige Beugungsringe bilden. Wenn im Frühjahr bei länger anhaltender Trockenheit intensiver Pollenflug einsetzt, kann das Licht auch an diesen Partikeln gebeugt werden und Kränze erzeugen.

Die Pollenkorona wurde 1985 erstmalig in Finnland von Pekka Parviainen an Kiefernpollen beobachtet und beschrieben. Seitdem wurden sie an den Sporen vieler Windblütler beobachtet, in Deutschland vorwiegend an den Pollen von Kiefer, Fichte, Birke, Erle und Hasel, in anderen Ländern auch an Hopfen, Wachholder, Zedern oder Akazien. Die Form der Pollenkoronen hängt von der Sonnenhöhe und der geometrischen Form des Blütenstaubkorns ab. Im Gegensatz zu den Wassertröpfchen sind nicht alle Pollen kugelförmig. Sie richten sich jedoch häufig aerodynamisch einheitlich aus. Elliptische Pollen (zum Beispiel der Birke) erzeugen bei tiefen Sonnenständen elliptische Koronen und bei asymmetrischen Pollenformen wie beispielsweise von Kiefer oder Fichte entstehen Beugungsbilder mit oberen und unteren sowie seitlichen Lichtknoten.

Partikel wie abgelagerte Pollen, Algen oder Bakterien können auch auf Wasseroberflächen Kränze um das Spiegelbild der Sonne erzeugen. Wie vor allem finnische Beobachtungen zeigen, können die Formen hier sehr komplex bis abstrakt sein.

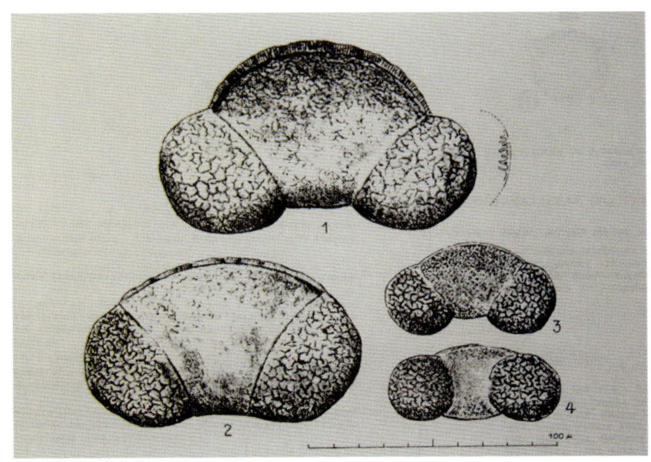

Schematische Darstellung der Pollen von Tanne (1), Fichte (2) und Kiefer (3). Die asymmetrische Form der Blütenpollen von Kiefer oder Fichte erzeugt charakteristische Koronen mit Verdickungen.

RING VON BISHOP

Nach Vulkanausbrüchen oder hoch reichenden Verfrachtungen von Saharastaub befinden sich in der oberen Atmosphäre kleine Aerosole. An diesen Partikeln kann ein sehr großer diffuser Beugungsring, der innen in eine manchmal gleißend leuchtende Scheibe nach Art eines riesigen Hofs übergeht, mit einem Durchmesser um 28° entstehen, der oftmals ganztägig die Sonne umgibt. Die Innenseite des Rings ist weißlich oder bläulich, nach außen hin wird er rötlich, bräunlich oder purpurfarben. Die für Lichtbeugung ziemlich große Kranzerscheinung kann nur durch sehr kleine Staubteilchen erzeugt werden (< 2 Mikrometer), die alle nahezu die gleiche Größe haben müssen.

Der Ring von Bishop wurde erstmals nach der Eruption des Vulkans Krakatau (27. August 1883) beschrieben. Bei der gewaltigen Explosion, deren Knall auch auf der 4700 Kilometer entfernten Insel Rodriguez im Indischen Ozean zu hören war, wurden Unmengen von Staub in die Atmosphäre geschleudert. Die erste veröffentlichte Beobachtung des Rings stammt vom 30. August 1883 und schildert das Aussehen als »lichtschwacher Halo« um die Sonne. Die erste genaue Beschreibung stammt von Sereno Bishop, der die Erscheinung am 5. September 1883 in Honolulu beobachtete und ihr seinen Namen gab.

BEOBACHTUNG UND FOTOGRAFIE

Da Kränze und Irisieren an Wassertröpfchen entstehen, sind die erzeugenden Wolken meist im mittelhohen, seltener auch im hohen Bereich zu finden. Kränze treten am häufigsten in durchsichtigem Altocumulus, in gleichmäßig dünnem Altostratus oder in tieferem Cirrus auf. Irisieren fin-

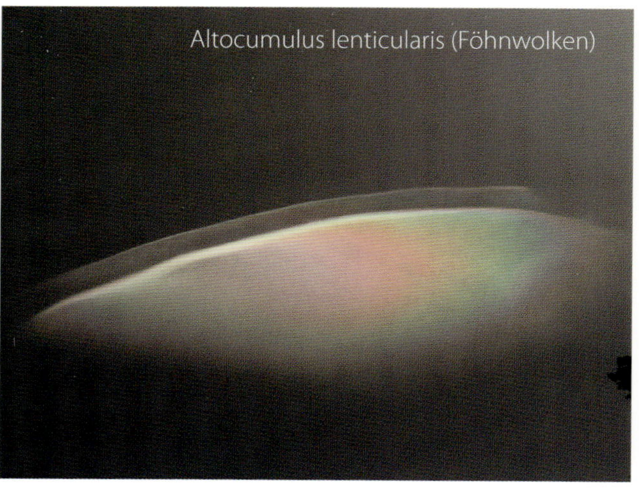

Wolkenarten, an denen Irisieren auftreten kann.

det man am eindrucksvollsten an Föhnwolken (Altocumulus lenticularis). Im Gebirge können aufsteigende Stratus- oder Cumulusfetzen zu besonders imposanten Farben direkt vor dem Auge des Beobachters führen.

Das Hauptproblem bei der Beobachtung und Fotografie ist die Sonnennähe und die damit verbundene Blendwirkung. Deshalb ist es unumgänglich, die Augen bei der Beobachtung mit einer dunklen Sonnenbrille zu schützen und die Sonne zusätzlich abzudecken. Um nicht allzu viel von der Erscheinung zu verdecken, eignen sich am besten Baumspitzen, Straßenlaternen, Masten oder, wenn nichts anderes verfügbar, auch ein über den Besenstiel gestülpter Joghurtbecher. Wundervoll anzusehen sind Irisierende Wolken, die mit Teleobjektiv aufgenommen wurden und bei denen der Ausschnitt so gewählt werden kann, dass die Sonne komplett aus dem Bildfeld verschwindet.

Auch bei der Fotografie sollte die Sonne unbedingt abgedeckt werden, da man sonst später auf den Bildern kaum Farben erkennen wird. Gute Fotos werden mit einer Kamera erreicht, bei der man die Belichtung manuell einstellen kann. Es gibt keinen ultimativen Belichtungswert, da dieser von Sonnenstand, Hintergrundhelligkeit und Entfernung der Wolken von der Sonne abhängt. Allgemein sollte man aber den von der automatischen Belichtung vorgeschlagenen Wert ca. drei Belichtungsstufen nach unten korrigieren und dann eine Serie mit stufenweise höher gestellter Blende anfertigen, dann sind erfahrungsgemäß immer gelungene Versuche dabei.

Wer nicht die Möglichkeit hat, die Belichtung manuell einzustellen, der sollte nach automatischer Einstellung kurz vor dem Auslösen einen dunklen Graufilter oder notfalls eine dunkle Sonnenbrille vor die Linse halten. Auch so kann man mitunter recht brauchbare Ergebnisse erzielen.

Um ein Bild im Nachhinein so farbig zu wiederzugeben, wie die Erscheinung mitunter am Himmel gewesen ist, ohne die Farben zu verfälschen und das Bild unnatürlich aussehen zu lassen, empfiehlt es sich, aus der Serie ein leicht überbelichtetes Bild auszuwählen und dieses per Gamma-Korrektur dunkler einzustellen.

SEITE 120:

Farbiger Mondkranz an den extrem kleinen Wassertröpfchen einer orographischen Wolke. Eine Vermessung der dahinter liegenden Sternfelder hat einen Durchmesser von 30° ergeben.

SEITE 121:

Hof mit bläulichem Innenrand und rötlichem Außenrand um den Mond.

SEITE 122:

Morgendlicher Kranz an der Sonne in aufsteigendem Nebel.

SEITE 123:

In Irisieren übergehender Kranz an einer Föhnwolke am Hohen Sonnenblick.

SEITE 124:

Kleinräumige Irisierende Wolken in Sonnennähe.

LICHTBEUGUNG

Bei Lichtbeugung wird ein Lichtstrahl um ein Hindernisteilchen herum gebeugt. Da das Licht Wellencharakter besitzt, ist es mit einer Wasserwelle vergleichbar. Berührt man mit einem Stock eine ruhige Wasseroberfläche, entsteht am Eintauchpunkt eine Welle in Form eines konzentrischen Ringes mit hellen Wellenbergen und dunklen -tälern. Das Gleiche passiert, wenn eine Lichtwelle auf einen Wassertropfen trifft. Dieser wird zum Ausgangspunkt neuer Elementarwellen, die sich kugelförmig ausbreiten. Dort, wo sich die Wellen überlagern, verschieben sich die einzelnen Phasen der Lichtwellen. Für langwelliges rotes Licht ergibt sich dadurch ein größerer Winkelabstand als beispielsweise für das kurzwellige blaue Licht, so dass die einzelnen Farben getrennt abgebildet werden und ein farbiges Beugungsbild ergeben. Die Interferenzmuster variieren mit der Form des Hindernisses. Bei runden Partikeln entstehen konzentrische Farbkreise, bei länglichen Formen entstehen Interferenzstreifen.

Wenn Lichtwellen an Hindernissen abgelenkt werden, entstehen neue Wellen, die bei Überlagerung zu farbigen Beugungsbildern führen.

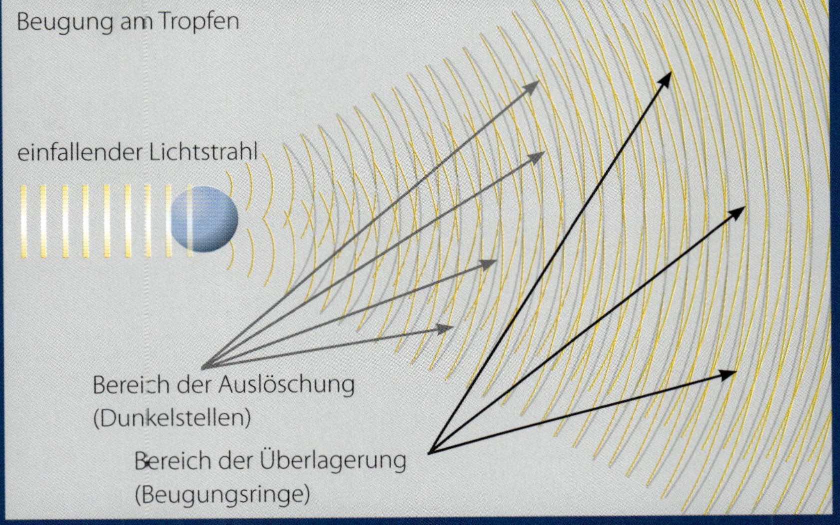

Lichtwellen sind gut mit Wasserwellen vergleichbar. In steinigen Gewässern kann man deshalb sehr gut farbige Beugungsmuster beobachten, welche an den Überlagerungspunkten von Wellen entstehen.

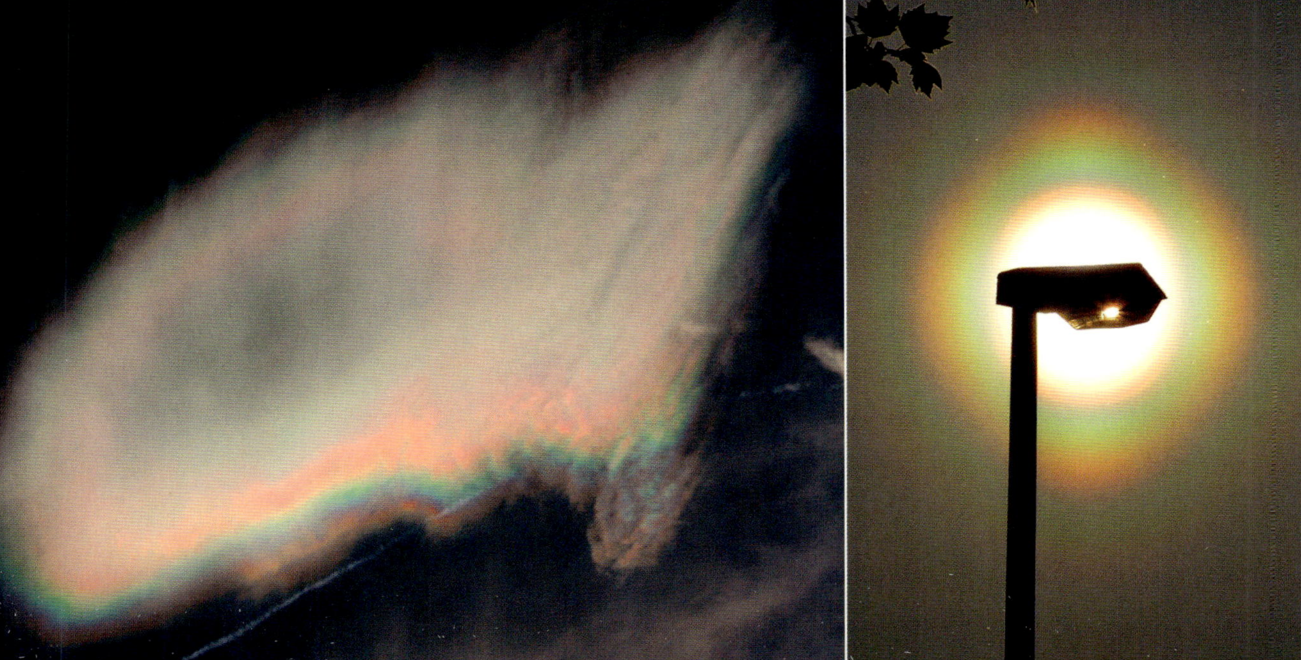

SEITE 125 OBEN:

Kranz in hohen Wolken und gleichzeitiges Irisieren an tieferer Föhnwolke.

SEITE 125 UNTEN LINKS:

Irisierende Altocumulus-Wolken.

SEITE 125 UNTEN RECHTS:

Pollenkorona an Kiefernpollen. Man sieht deutlich die Verdickungen, welche durch die Asymmetrie der Kiefernpollen zustande kommen.

SEITE 126:

Korona in Beugungspartikeln einer Pfütze.

SEITE 127:

Ring von Bishop an Partikeln von Saharastaub über den Alpen.

HALO-ERSCHEINUNGEN

Das Wort Halo stammt vom lateinischen halos und vom altgriechischen ἅλως (hálōs) ab, was zu Deutsch »Lichthof« bedeutet. Durch literarische Überlieferung umfasst das Wort heute alle Lichtkreise, -bögen und -flecken, die durch Lichtbrechung und -spiegelung an Eiskristallen entstehen. Die in Wörterbüchern oft auftauchende Mehrzahl Halogone wird im deutschen Sprachgebrauch nicht verwendet, es hat sich der Plural »Halos« durchgesetzt. Erste Aufzeichnungen von Halobeobachtungen gab es bereits weit vor der Zeitenwende. Besonders die Römer, Griechen und Babylonier sahen in Lichtkreuzen (bestehend aus Lichtsäule und Teilen des Horizontalkreises innerhalb des 22°-Ringes), brennenden Fackeln (helle Lichtsäulen) oder drei Sonnen (Sonne und Nebensonnen) Vorzeichen für bevorstehende Kämpfe oder Kriege oder auch einen Ausdruck himmlischer Einflüsse, die durch Götter hervorgerufen würden.

Auch in christlichen Niederschriften stößt man immer wieder auf Beobachtungen, die auf Halos hinweisen könnten. Ein Beispiel ist die Offenbarung des Johannes, dem letzten Buch des Neuen Testaments. Darin beschrieb Apostel Johannes, der auf der Insel Patmos in Verbannung lebte, seine beobachteten Himmelsvisionen, bei denen es sich wahrscheinlich größtenteils um Halo-Erscheinungen handelt. Auch in den Büchern der Hildegard von Bingen (1098–1179) lassen sich zahlreiche Himmelsbilder auf Halo-Erscheinungen zurückführen.

Im 15. bis 17. Jahrhundert wurden viele Beobachtungen großer Halophänomene über Einblattdrucke überliefert. Neben der eigentlichen Darstellung der Erscheinung flossen oft auch die Ängste und die Deutung der Erscheinung mit in das Bild ein, weswegen einige nur schwer als Halophänomene zu erkennen sind.

Eine erste Erklärung der Halo-Erscheinungen um Sonne und Mond durch Reflexion und Refraktion des Lichtes an Eisnadeln in hohen Schichten der Atmosphäre lieferte Mitte des 17. Jahrhunderts René Descartes. Genauere Theorien der verschiedenen Haloarten wurden erst ab Beginn des 20. Jahrhunderts aufgestellt, zum Beispiel in dem erstmals 1910 erschienenen Werk »Meteorologische Optik« der österreichischen Meteorologen Joseph Maria Pernter (1848–1908) und Felix Maria Exner (1876–1930). Eine weltweite Vereinheitlichung in der Namensgebung ist leider

Datum	Historisch überlieferter Name des Halophänomens	Beobachter	Beobachtungsort	Erstbeobachtung von Erscheinungen
20. März 1629	Römisches Phänomen	Jesuitenpater Christoph Scheiner (1573–1650)	Rom	Halo von Scheiner (Ring mit 28° Sonnenabstand)
20. Februar 1661	Danziger oder Hevelsches Phänomen	Astronom Johannes Hevelius (1611–1687)	Danzig	Hevel-Halo (90°-Nebensonnen)
18. Juni 1790	St. Petersburger oder Lowitzsches Phänomen	Chemiker und Pharmazeut Johann Tobias Lowitz (1757–1804)	St. Petersburg	Lowitzbogen
8. April 1820	Parrysches Phänomen	englischer Kapitän William Edward Parry (1790–1855)	Nordatlantik	Parrybogen
30. August 1898	Arctowskis Phänomen	polnischer Arktisforscher Henryk Arctowski (1871–1958)	Nördliches Eismeer	Schiefe Bögen durch die 120°-Nebensonne

Tabelle: **Berühmte überlieferte Halophänomene mit bemerkenswerten Erstbeobachtungen**

Halo-Erscheinung am 6. März 1554 über Süddeutschland.

bis heute nur bei den häufigsten Erscheinungen gelungen. Während im deutschen Sprachgebrauch historisch überlieferte Benennungen (häufig nach dem Erstbeobachter) verwendet werden, findet man vor allem in englischsprachigen Abhandlungen oft Bezeichnungen, die an die Form der haloverursachenden Kristalle angelehnt sind.

Verschiedene Halo-Erscheinungen im Jahr 1520 über Wien als Vorboten der Sintflut.

Ain Warnung des Sündtfluss oder erschrockenlichen wassers Des xxiiij. iars auß natürlicher art des hymels zů besorgen mit sampt außlegung der grossen wunders zaychē zů Wien in Osterreych am hymel erschinen im XX iar.

PHYSIK

Je nach Wetterbedingungen in der Atmosphäre, insbesondere Luftfeuchtigkeit und Temperatur sowie als indirekter Effekt auch Wind, gibt es eine unendliche Vielzahl von Eiskristallformen, die von einfachen hexagonalen Plättchen und Säulen mit zum Teil pyramidalen Aufsätzen, angeschnittenen Hexagonen bis hin zu einer fast unüberschaubaren Vielfalt von Dendriten (Schneeflocken) reicht. Derartige Kristalle, deren Größe zwischen 10μm und 100μm liegt, treten in hohen, dünnen Wolken (Cirrus) auf. Seltener bilden sich Eiskristalle an kalten Wintertagen in tieferen Atmosphärenschichten, bevorzugt in Flussniederungen und auf Bergsatteln, wenn Wasserdampf bei sehr tiefen Temperaturen direkt zu Eiskristallen sublimiert, das heißt ohne den Umweg über die Kondensation von flüssigem Wasser zu nehmen. Für die Halobildung sind hexagonale Kristallformen verantwortlich. In der reinen Prismenform weisen diese sechs Prismenflächen und zwei Basisflächen auf, die je nach Ausrichtung beim freien Fall die unterschiedlichsten Strahlengänge ermöglichen können. Aber auch pyramidenförmige Kristalle, das heißt pyramidale Aufsätze auf Prismen können spezielle Halo-Erscheinungen hervorrufen. Bei den reinen Prismen ist zunächst entscheidend, dass sie das Licht genauso wie ein einfach geformtes dreieckiges Prisma mit einem Winkel von 60° zwischen den Begrenzungsflächen brechen können. Dabei tritt am realen Kristall der Lichtstrahl in eine Prismenfläche ein und an der übernächsten wieder aus. Das Licht kann wegen der Totalreflexion nicht die direkt anliegende Prismenfläche verlassen.

Daneben kommt es auch zur Lichtbrechung mit einem Brechungswinkel von 90°. Dabei tritt das Licht in eine Basis-

HALO-ERSCHEINUNGEN – EIN ZEICHEN FÜR SCHLECHTES WETTER?

In vielen Bauernregeln wird das Auftreten einer Halo-Erscheinung mit einer Wetterverschlechterung in Verbindung gebracht, zum Beispiel »Gibt Halo sich um Sonn' und Mond, bald Regen und Wind uns nicht verschont.«

Beobachtungen haben jedoch gezeigt, dass Halo-Erscheinungen keinen eindeutigen Beweis für eine Wetterverschlechterung liefern. Cirruswolken sind an sich keine Regenwolken und ein vorübergehender Cirrusschleier ist auch während einer Schönwetterlage möglich. Eine rasche Verdichtung von Cirrostratus-Bewölkung ist allerdings ein Zeichen dafür, dass in der Troposphäre das Aufgleiten feuchterer Luftmassen eingesetzt hat. Dann ist dies ein erstes Anzeichen für nahenden Regen. Dieser muss aber nicht zwangsläufig über den Beobachter hinwegziehen, denn streifende Tiefdruckgebiete sorgen häufig sogar für längeren Cirrus bei bedecktem Himmel als schnell vorüberziehende Niederschlagsgebiete. Statistisch folgt in nur etwa der Hälfte aller Halo-Beobachtungen auch wirklich Niederschlag.

Makroaufnahmen verschiedenartiger Eiskristalle.

Die Anzahl der Möglichkeiten der Strahlengänge von Lichtstrahlen, die an Eiskristallen in ihrer spezifischen Ausrichtung gespiegelt und gebrochen werden, ist enorm. Zudem können die Kristalle schwingen oder oszillieren und zusätzliche Spezialeffekte erzeugen (zum Beispiel Lowitzbogen, elliptische Halos). Dargestellt sind hier die einfachsten Varianten, eine 60°-Brechung (links) und eine externe Reflexion (rechts).

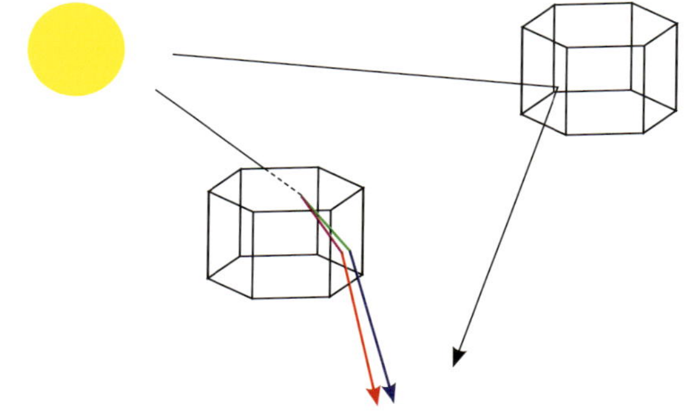

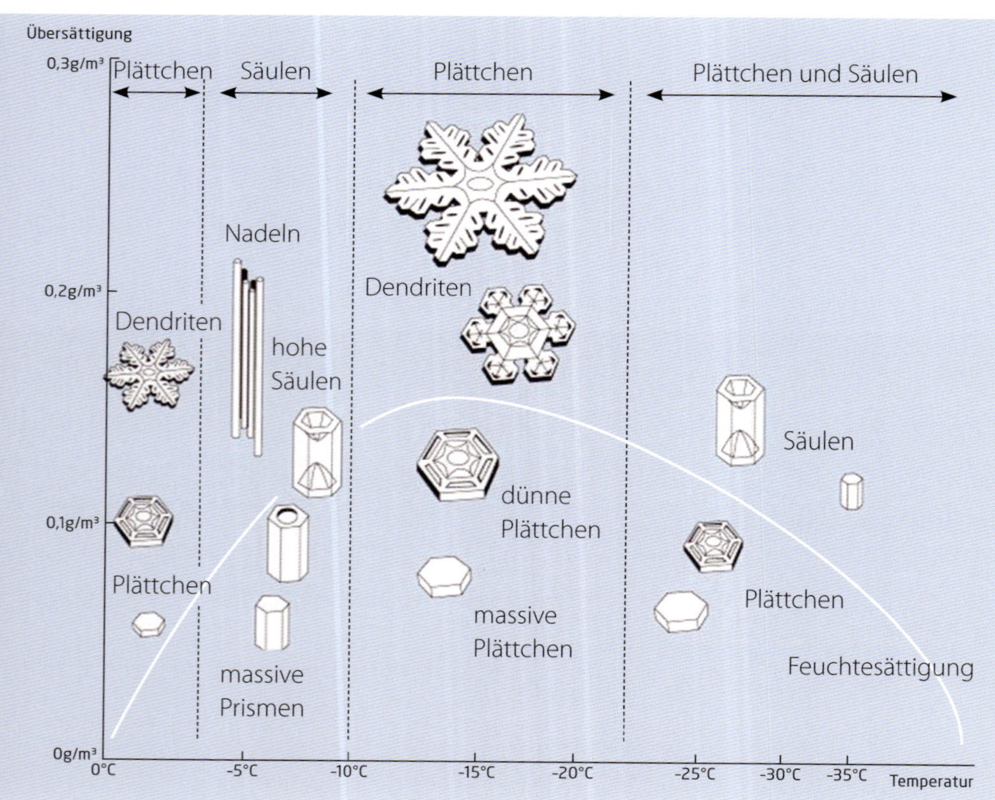

Bildung von Eiskristallen in Abhängigkeit von Temperatur und Feuchtesättigung.

fläche ein und an einer Prismenfläche wieder aus, d. h. die Begrenzungsflächen stehen in einem Winkel von 90° zueinander. Diese beiden Lichtwege können eine Vielzahl von Haloarten hervorrufen. Hinzu kommen noch mögliche Reflexionen an den Prismen- oder Basisflächen. Je nach Einfallsfläche und Einfallswinkel, die durch die Orientierung der Kristalle vorgegeben werden, wird das Sonnenlicht gebrochen oder reflektiert und es entstehen Ringe, Säulen, Kreise, Bögen oder Flecken. Derzeit sind über 50 zum Teil äußerst selten auftretende Haloarten bekannt, von denen aber nur wenige regelmäßig beobachtet werden können.

Neben dem brechenden Winkel spielt die Orientierung der Kristalle eine entscheidende Rolle. Sehr kleine Kristalle (ca. 20µm), die etwa ebenso lang wie breit sind, nehmen vielfältige Lagen im Raum ein. Bei größeren Kristallen (50–500µm) wirkt sich jedoch der Luftwiderstand auf die Orientierung aus. Dabei nehmen die Kristalle automatisch die Lage des größten Luftwiderstandes ein. Wenn die Kristalle säulenförmig sind, dann orientiert sich die Hauptachse, d. h. die Verbindungslinie der Mittelpunkte beider Basisflächen, horizontal. Wenn die Kristalle dagegen plättchenförmig sind, orientieren sie sich so, dass

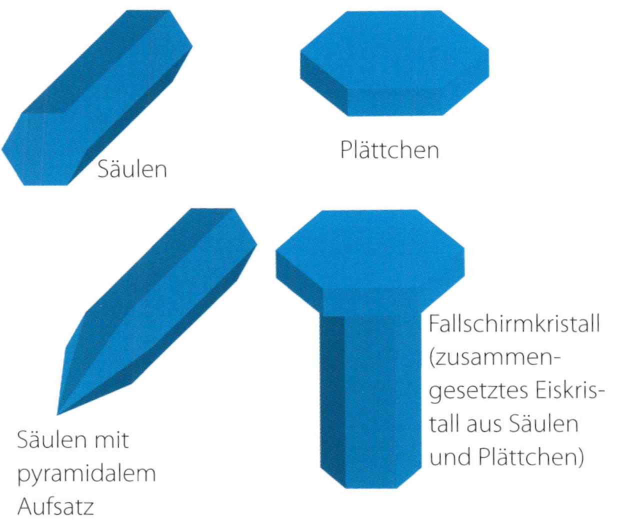

Vier Eiskristallformen sind für die meisten Halo-Erscheinungen verantwortlich.

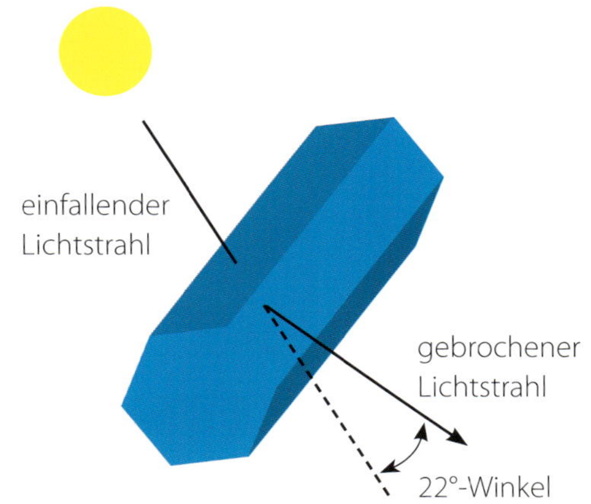

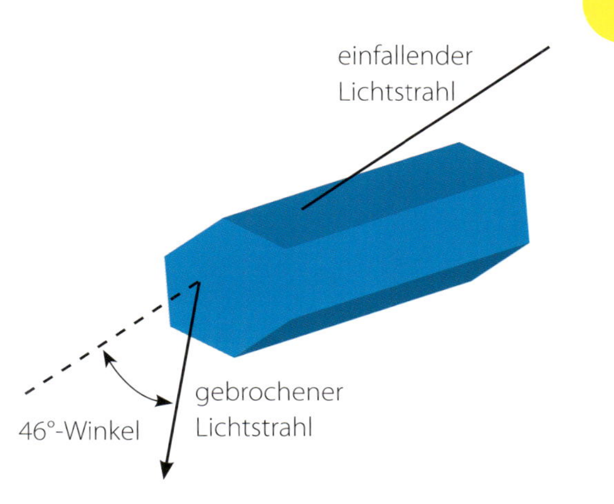

Die Strahlengänge für die Entstehung von 22°-Ring (Links) und 46°-Ring (Rechts) in einem Säulchenkristall.

die Basisfläche vertikal liegt. Eine solche Ausrichtung setzt allerdings eine relativ ruhige Atmosphäre voraus. Anderenfalls können auch Plättchen und Säulchen pendeln oder zufällig orientiert sein.

HÄUFIGE HALO-ERSCHEINUNGEN

22°-RING

Die bekannteste Haloart ist der 22°-Ring, der als farbiger Kreis mit einem Radius von 22° die Sonne oder den Mond umgibt. Dieser entsteht an Eissäulchen, die etwa ebenso lang wie breit sind und dadurch eine willkürliche Lage im Raum einnehmen. An diesen wird das Licht in alle Raumrichtungen abgelenkt. Wie beim Regenbogen häufen sich auch hier die Strahlen um einen Grenzwinkel, der in diesem Fall mit 22° die Mindestablenkung beschreibt.

Da das Licht sowohl beim Eintritt in eine Prismenfläche als auch beim Austritt an der übernächsten Prismenfläche des Kristalls gebrochen wird und die Ablenkung für rotes Licht geringer als für die anderen Farben ist, beobachtet man am 22°-Ring einen relativ scharf begrenzten, rötlichbraunen Innenrand, der nach außen hin weiß und diffus ausläuft. Der 22°-Ring ist oft nur in dünnen, gleichmäßigen Schleierwolken als kompletter Ring zu sehen, sonst zeigen sich nur die oberen Ringsegmente. Besonders eindrucksvoll ist der Ring um den Mond, da er aufgrund der fehlenden Blendwirkung sehr viel leichter zu beobachten ist.

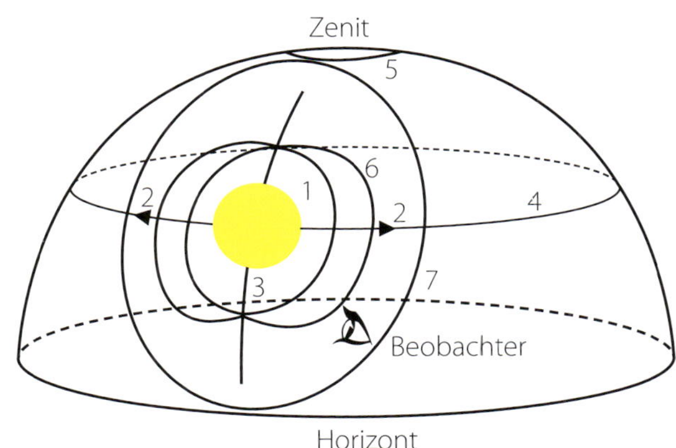

Die häufigsten Halo-Erscheinungen: 22°-Ring (1), Linke und Rechte Nebensonne (2), obere und untere Lichtsäule (3), Horizontalkreis (4), Zirkumzenitalbogen (5), umschriebener Halo (6), 46°-Ring (7).

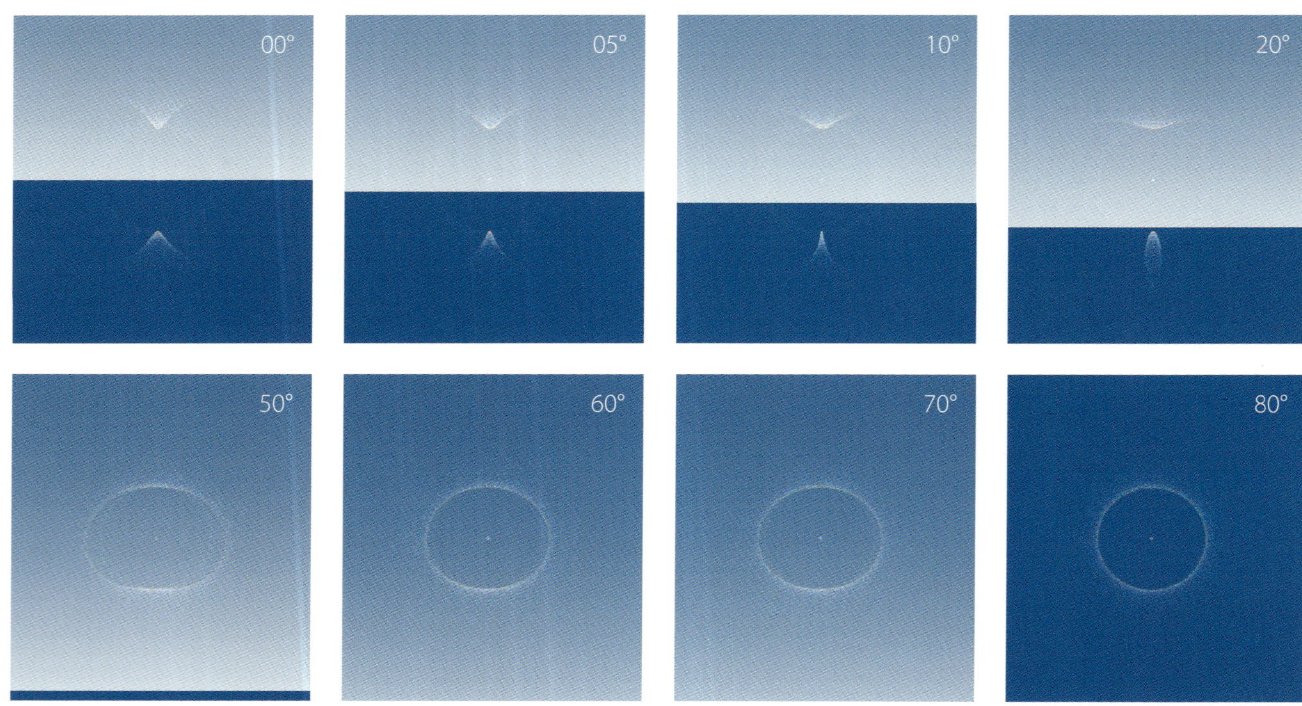

Simulation der oberen und unteren Berührungsbögen sowie des Umschriebenen Halos bei verschiedenen Sonnenhöhen.

OBERER UND UNTERER BERÜHRUNGSBOGEN

An den 22°-Ring schließt sich oben und unten eine weitere Haloart an, die häufig sehr hell und farbig ist und je nach Sonnenhöhe ein unterschiedliches Erscheinungsbild an den Himmel wirft. Kurz nach Sonnenaufgang bilden zwei Äste V-förmig den oberen Berührungsbogen, dessen Scheitelpunkt sich am oberen Punkt des 22°-Ringes befindet. Ab einer Sonnenhöhe von 22° erscheint der untere Berührungsbogen. Die »Arme« beider Berührungsbögen driften mit zunehmender Sonnenhöhe immer mehr auseinander, werden gleichzeitig länger und treffen sich bei einer Sonnenhöhe von 32°. Der dadurch entstehende »Ring«, der den 22°-Ring ober- und unterhalb der Sonne berührt, wird Umschriebener Halo genannt. Mit zunehmender Sonnenhöhe nähert sich der anfangs ovale Umschriebene Halo immer mehr der Kreisform an und fällt bei 70° Sonnenhöhe fast mit dem 22°-Ring zusammen. Es lohnt sich, diese Veränderung bei längerer Dauer der Erscheinung zu studieren.

Die Berührungsbögen und der Umschriebene Halo entstehen in horizontal ausgerichteten Eissäulen, deren Brechungswinkel 60° beträgt. Wie beim 22°-Ring tritt das Licht dabei in eine Prismenfläche ein und an der übernächsten wieder aus. Aufgrund der horizontalen Ausrichtung ergibt sich jedoch kein Kreis wie beim 22°-Ring, sondern eine kompliziertere Form.

22°-NEBENSONNEN

Nebensonnen sind links und rechts neben der Sonne als helle und farbige Lichtflecken zu erkennen. Sie lassen sich leicht verfolgen, während sich im Laufe des Tages der Sonnenstand ändert. Dies wird vor allem durch ihre große Helligkeit erleichtert, welche in Ausnahmefällen so stark sein kann, dass man fast geblendet wird. Sie scheinen bei tief stehender Sonne in den 22°-Ring eingebettet zu sein, entfernen sich jedoch mit zunehmender Sonnenhöhe immer weiter von ihm. In voller

Nebensonnen und ihre Schweiflängen in Abhängigkeit zur Sonnenhöhe

Sonnenhöhe	Abstand Sonne – Nebensonne	Maximale Schweif-länge
0°	22°	21,5°
10°	22°	21,5°
20°	23°	20,5°
30°	25°	19°
40°	28°	16°
50°	32°	13°
60°	45°	7°

Ausprägung haben die zum Teil intensiv gefärbten Nebensonnen einen langen, weißen Schweif, der parallel zum Horizont von der Sonne wegzeigt. Der Schweif entsteht durch Überlagerung der Farben des unter minimalem Ablenkungswinkel austretenden Lichtes. Bei zunehmend schrägem Lichteinfall bei sinkender Sonnenhöhe erfolgt die Minimalablenkung wie bei einem Kristall mit höherem Brechungsindex, deshalb verschiebt sich der Abstand der Nebensonnen und die Schweife werden länger.

Diese »Sonnenhunde« oder »sun dogs«, wie sie auf Englisch populär genannt werden (Fachausdruck: parhelia), entstehen an hexagonalen Eisplättchen. Diese nehmen beim Fallen durch die Luft automatisch eine Lage mit horizontalen Basisflächen ein, so dass das Sonnenlicht in eine Prismenfläche ein- und an der übernächsten wieder austreten kann, ohne dass sich der Winkel der Lichtstrahlen zur Horizontalen ändert. Dadurch liegen die Nebensonnen und ihre Schweife stets auf gleicher Höhe wie die Sonne.

ZIRKUMZENITALBOGEN

Wenn die tief stehende Sonne von hellen Nebensonnen begleitet wird, sollte man nach der vielleicht schönsten und prächtigsten aller Halo-Erscheinungen Ausschau halten, dem Zirkumzenitalbogen. Er übertrifft häufig die Nebensonnen in Kontrast und Farbbrillianz. Die Lichtkonzentration entsteht hier nicht durch die Minimalablenkung des Lichtes, sondern durch die definierte Orientierung der Prismen.

Der Zirkumzenitalbogen kann auch allein auftreten, in solchen Fällen wird er häufiger mit einem Regenbogen verwechselt. Im Gegensatz zum Regenbogen, der einen (Halb-) Kreis um den Sonnengegenpunkt bildet, ist der Zirkumzenitalbogen ein Bogen um den Zenit, wobei nur der zur Sonne gerichtete Teil zu sehen ist. Sein Scheitelpunkt liegt bei etwa 48° über der Sonne.

Der Zirkumzenitalbogen entsteht genauso wie die Nebensonnen an horizontal schwebenden Eisplättchen. Hier tritt das Licht allerdings an der Basisfläche des Plättchens ein und an einer Seitenfläche wieder aus. Allerdings ist der für diesen Bogen verantwortliche Strahlengang nur für Sonnenhöhen unterhalb von 32° möglich. Im Winter ist er deshalb häufiger, da er aufgrund des Sonnenlaufs den ganzen Tag über entstehen kann. Seine größte Helligkeit erreicht der Zirkumzenitalbogen bei einem Sonnenstand von 22,1° und ist daher bei einem Sonnenstand zwischen 15° und 25° am häufigsten zu sehen.

LICHTSÄULE

In alten Überlieferungen ist gelegentlich von weißen Kreuzen die Rede, durch die sich so mancher zum christlichen Glauben bekehren ließ. Auch dieses Himmelsbild ist mit Halo-Erscheinungen zu erklären, denn durch die Sonne kreuzen sich Lichtsäule und Horizontalkreis. Die Lichtsäule entsteht durch Reflexion des Sonnenlichtes an der Ober- und Unterseite von schwebenden Eisplättchen oder horizontal ausgerichteten Säulchen.

Ein ähnliches Phänomen entsteht bei tief stehender Sonne an einem See, wenn das in langen Bahnen gespiegelte Sonnenlicht durch die leichten Unebenheiten der Wasseroberfläche zurückgeworfen wird. Da auch Eiskristalle nicht völlig waagerecht schweben, verwischt der Reflexionspunkt zu einer vertikalen Säule, die sowohl oberhalb als auch unterhalb der Lichtquelle entstehen kann und bei tief stehender Sonne deren orange oder rote Tönung annimmt.

Kompletter Horizontalkreis.

HORIZONTALKREIS

Der Horizontalkreis entsteht durch äußere und innere Reflexionen an den vertikalen Seitenflächen orientierter Kristalle. Er erstreckt sich von der Sonne ausgehend als weißlicher Ring parallel zum Horizont über den gesamten Himmel. Je höher die Sonne steigt, desto kleiner wird der Horizontalkreis. Ab einer Sonnenhöhe von ca. 65° ist er nicht größer als der 22°-Ring und ab 80° liegt er als sehr kleiner Ring innerhalb von diesem. Nur selten ist er als vollständiger Kreis zu sehen, meist tritt er nur in einzelnen Fragmenten auf.

SEITE 134:

Obere Lichtsäule an der untergehenden Sonne.

SEITE 134/135:

Untere Lichtsäule auf tiefer liegender Wolkenschicht vom Wendelstein aus.

SEITE 136/137:

Der Zirkumzenitalbogen bildet einen farbigen Halbkreis um den Zenit.

SEITE 138:

Linke und Rechte Nebensonne über dem Mangfallgebirge.

SEITE 139:

Linker Nebenmond in sehr streifigen Cirruswolken.

SEITE 140/141:

Oberer Berührungsbogen bei verschiedenen Sonnenhöhen.

SEITE 142:

Heller Umschriebener Halo mit schwächerem 22°-Ring in Angkor Wat, Kambodscha. In unseren Breiten ist ein geschlossener umschriebener Halo aufgrund der geringeren Sonnenhöhe recht selten zu beobachten.

SEITE 143 LINKS:

Der untere Berührungsbogen knapp über dem Horizont.

SEITE 143 RECHTS:

Der untere Berührungsbogen aus dem Flugzeug.

SEITE 144:

Fast vollständiger 22°-Ring in dichtem Cirrostratus über den Alpen.

SEITE 145:

Lichtsäule und der sonnennahe Teil des Horizontalkreises ergeben ein Lichtkreuz.

SELTENE HALO-ERSCHEINUNGEN

Neben den beschriebenen Haloarten gibt es noch unzählige weitere Erscheinungen, die oft nicht weniger eindrucksvoll sind, aber nur sehr selten auftreten. Als seltene Halos gelten solche, die in der Häufigkeitsstatistik unter 1% einnehmen.

Von den seltenen Halos sollen nur die auffälligsten hier näher beschrieben werden, denn neben Erscheinungen, die erst wenige Male dokumentiert wurden oder in Mitteleuropa so gut wie nie sichtbar sind, gibt es auch heute noch Halo-Arten, die bereits vor mehreren hundert Jahren erstmals beobachtet wurden, deren Entstehung aber nicht geklärt ist. Oftmals sind mehrere Beobachtungen, genaue Ausmessungen sowie die Anfertigung von Computersimulationen notwendig, um ihre Entstehung entschlüsseln zu können.

Simulation der gängigsten seltenen Halo-Erscheinungen bei einer Sonnenhöhe von 25°.

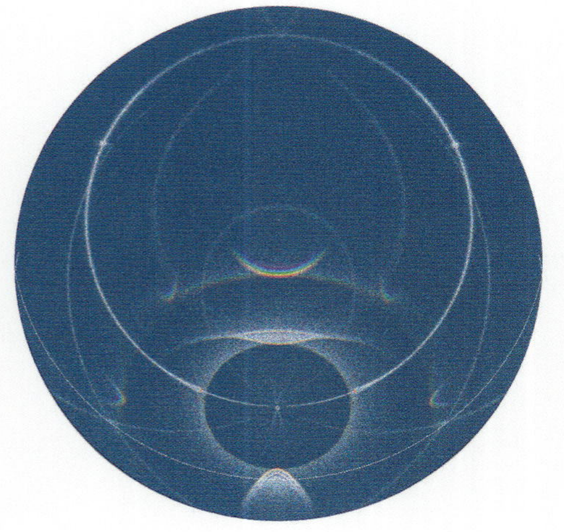

ZIRKUMHORIZONTALBOGEN

Dieser oft sehr helle und farbintensive Bogen ist in unseren Breiten nur in den Sommermonaten zur Mittagszeit zu sehen, denn die Sonne muss mindestens 57,8° hoch stehen, damit er als ein farbiges Band auf der Sonnenseite am Horizont sichtbar wird. In Norddeutschland erreicht die Sonne an nur wenigen Tagen um die Sommersonnenwende diese Höhe und steigt nicht über 60°. Ganz im Süden Deutschlands sowie in Österreich und der Schweiz sind die Voraussetzungen der Sonnenhöhe von Mai bis August gegeben. Allerdings ist der Sonnenhöchststand auch dort nur maximal 65°, die maximale Helligkeit erreicht der Zirkumhorizontalbogen allerdings erst bei einer Sonnenhöhe von 67,9°, was ab einer geografischen Breite von 45,4° auftritt. Deshalb ist er in Mitteleuropa kaum in seiner vollen Pracht und Farbigkeit zu sehen, die dem Zirkumzenitalbogen in nichts nachsteht.

In den südlicheren Ländern der Nordhalbkugel sind die Chancen, diesen farbenprächtigen Bogen zu sehen, um ein Vielfaches besser und auch die Häufigkeit steigt rapide an. In Deutschland dagegen ist er im Norden eher die Ausnahme und auch über Bayern und Baden-Württemberg zeigt er sich selten und meist nur recht schwach. Die größten Beobachtungschancen hat man von den österreichischen und Schweizer Alpen, wenn man einen weiten Horizontblick nach Süden hat.

Ab dem 55. Breitengrad polwärts kann der Zirkumhorizontalbogen nicht mehr entstehen, da die Sonne immer tiefer als 57,8° steht. Damit ist dies eine der wenigen Halo-Erscheinungen, die nicht überall auf der Erde beobachtbar ist.

Der Zirkumhorizontalbogen entsteht wie der Zirkumzenitalbogen an schwebenden Plättchen, an dessen senkrechter Seitenfläche das Licht ein- und an der unteren horizontalen Basisfläche wieder austritt.

PARRYBOGEN

Der Parrybogen wurde zuerst von dem englischen Kapitän William Edward Parry (1790–1855) im Jahr 1820 während einer Arktis-Expedition auf der Suche nach der Nordwestpassage beschrieben. Als am 8. April unter rauen Bedingungen seine zwei Schiffe durch Eis eingeschlossen wurden, entstand eine Zeichnung des Phänomens mit einem bis dato noch unbekannten farbigen Bogen, der über dem oberen Berührungsbogen liegt und dessen Schenkel miteinander verbindet. Wie beim oberen Berührungsbogen ändert sich auch das Erscheinungsbild des Parrybogens bei unterschiedlicher Sonnenhöhe. Der schönste Anblick bietet sich bei tiefem Sonnenstand, wenn beide Bögen V-förmig am Himmel stehen. Leider ist der Parrybogen dann sehr lichtschwach. Sein Helligkeitsmaximum erreicht er bei Sonnenhöhen zwischen 15° und 40°. Bei größeren Sonnenhöhen ist aber eine Beobachtung nicht nur wegen der abnehmenden Helligkeit sehr schwierig, sondern auch deshalb, weil sich der Parrybogen an den oberen Berührungsbogen anschmiegt und somit eine Unterscheidung von diesem mit bloßem Auge nahezu unmöglich macht.

Bei sehr hohem Sonnenstand kann in seltenen Fällen auch ein unterer Parrybogen auftreten. Er befindet sich bei ca. 50° Sonnenhöhe unterhalb des 22°-Rings und berührt diesen bei einer Sonnenhöhe von 71°. Am ehesten kann man diesen Fall von einem Flugzeug aus beobachten, wenn man von oben auf die Kristalle einer Cirrusschicht blickt.

Damit ein Parrybogen entstehen kann, müssen Säulenkristalle doppelt orientiert sein. Das heißt, dass nicht nur die Hauptachse horizontal ausgerichtet ist, sondern auch zwei Prismenflächen exakt waagrecht orientiert sind.

LOWITZBOGEN

Am 18. Juni 1790 beobachtete Johann Tobias Lowitz in St. Petersburg farbige, kurze Bogenstücke, welche von den Nebensonnen ausgehend farbig schräg nach oben und unten zum 22°-Ring verlaufen. Bis vor wenigen Jahren wurden ausschließlich diese Bogensegmente als Lowitzbogen bezeichnet.

Am 11. August 1985 wurde von Jens Fröhlich in Knau (Thüringen) ein rötlicher Bogen beobachtet, der vom Scheitelpunkt des Parrybogens beidseitig in den 22°-Ring übergeht. Nach weiteren Beobachtungen in Deutschland und Finnland konnte Eberhard Tränkle den Bogen 1996 aufgrund eines Fotos der Erscheinung von Karl Kaiser simulieren. Demnach ist der obere kreisförmige Lowitzbogen keine neue Haloart, sondern die zuvor nicht beobachtete Fortsetzung der von den Nebensonnen ausgehenden und nach oben zusammenlaufenden seitlichen Lowitzbögen. Spätere Simulationen der Finnen Marko Pekkola und Jarmo Moilanen offenbarten schließlich das gesamte Lowitzbogensystem. Nach derzeitigen Theorien unterscheidet man dabei zwischen oberen, mittleren und unteren Lowitzbögen, die sich bei steigender Sonne stark verändern.

Die Lowitzbögen treten vor allem dann auf, wenn gleichzeitig der obere Berührungsbogen, die Nebensonnen und der 22°-Ring gut ausgeprägt sind. Sie werden an rotierenden Plättchen erzeugt, deren Rotationsachse nahezu horizontal liegt. Dabei passieren die Strahlen den Kristall zwischen zwei um 60° geneigten Prismenseitenflächen in drei verschiedenen Routen. Allerdings stimmen die Simulationen auch heute noch nicht mit den Beobachtungen überein, weswegen weitere Theorien diskutiert werden.

46°-RING UND SUPRALATERALBOGEN

Der 46°-Ring ist eine der bekanntesten Halo-Erscheinungen, allerdings ist er sehr selten zu beobachten. Der Ring mit einem Radius von 46° um die Sonne entsteht, wenn ein Lichtstrahl in die Prismenfläche eines willkürlich ausgerichteten

Simulation des Parrybogens bei verschiedenen Sonnenhöhen.

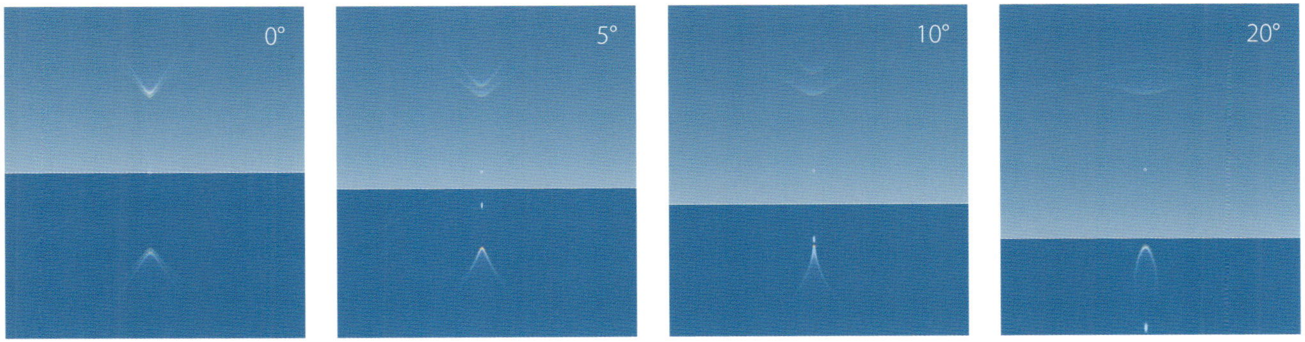

0° 5° 10° 20°

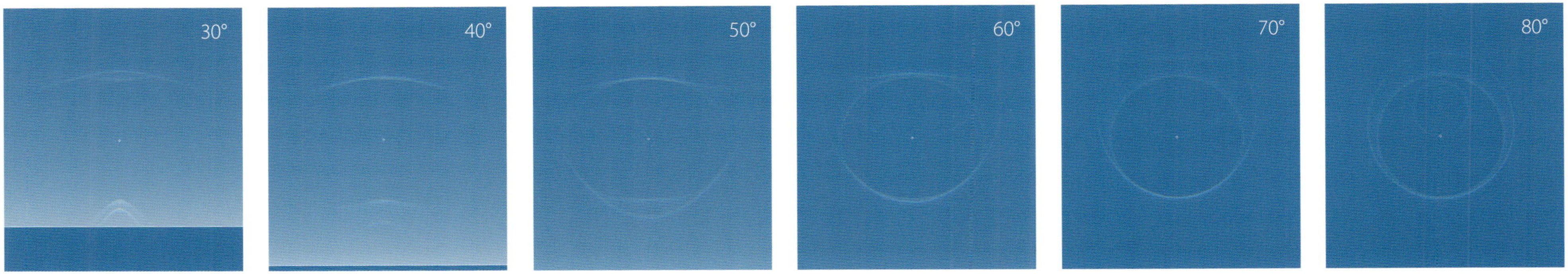

30° 40° 50° 60°

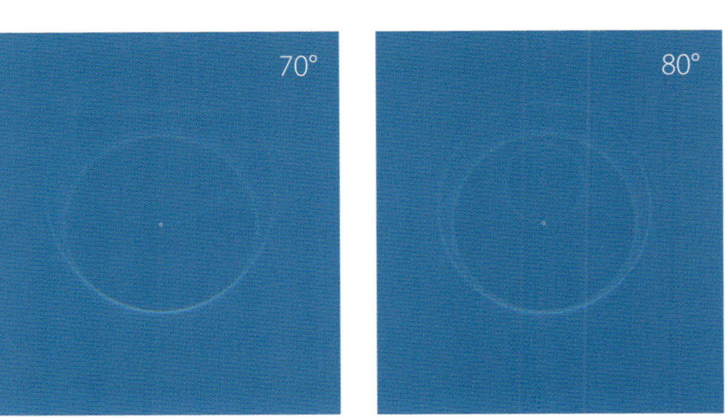

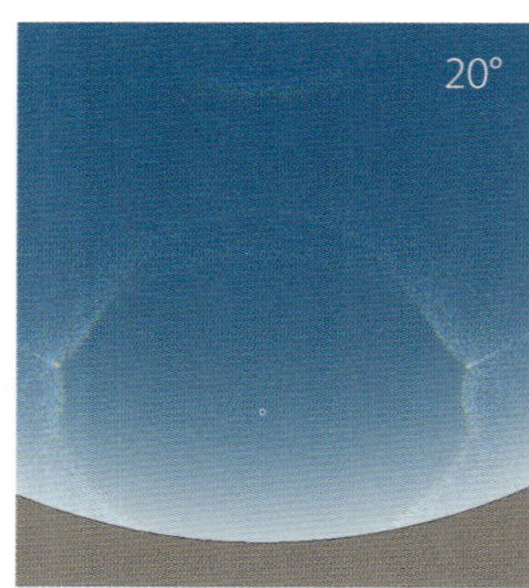

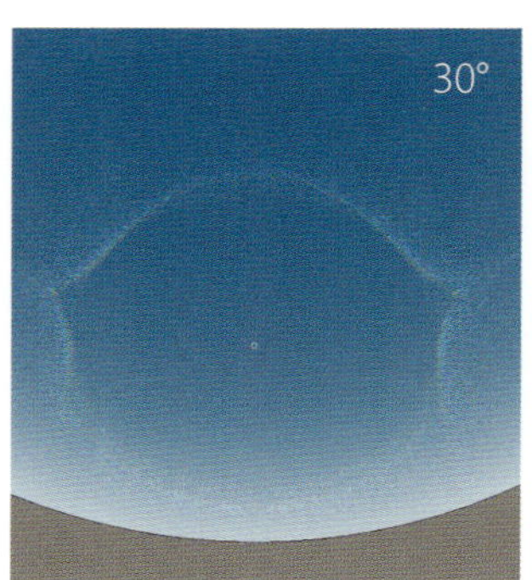

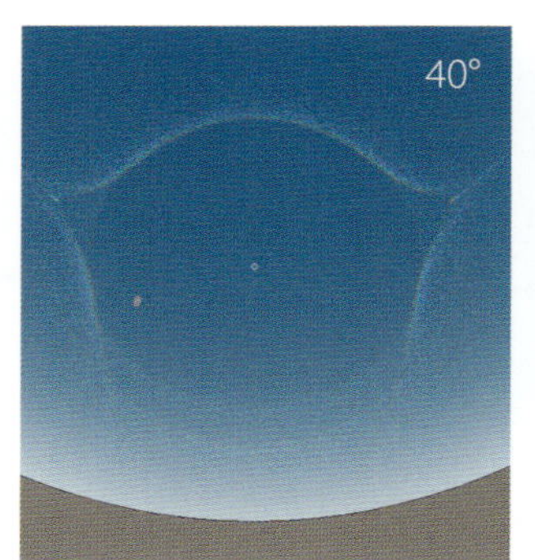

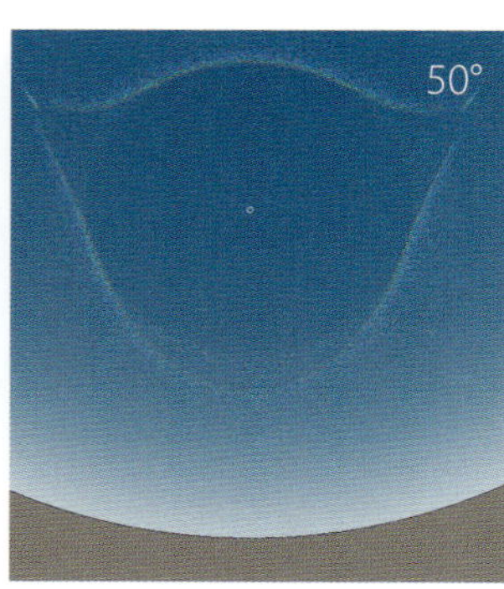

Simulation der Lowitzbögen bei verschiedenen Sonnenhöhen.

Eiskristalls eintritt und in einem Brechungswinkel von 90° an einer Basisfläche wieder austritt. Das Minimum der Ablenkung ist bei diesem Strahlengang 46°. Er ist deutlich lichtschwächer als der 22°-Ring, da zum einen nur Lichtstrahlen mit geringem Einfallswinkel zur Entstehung beitragen (die anderen werden vom Beobachter weg reflektiert) und zum anderen ein Teil des Lichtes durch Reflexion an den Ein- und Austrittsflächen verloren geht. Auch die Farben werden bei dem häufig sehr breiten und diffusen Ring kaum wahrgenommen. Die meisten im 46°-Bereich beobachteten Ringsegmente gehören zum so genannten Supralateralbogen, dessen Gestalt sich mit der Sonnenhöhe verändert. Steht die Sonne tiefer als 15°, dann berührt der Supralateralbogen den 46°-Ring nur an den Seiten. Wenn die Sonne am Horizont steht, liegen die Kontaktpunkte direkt auf Sonnenhöhe. Bei einem Sonnenstand von 15°–27° fällt der Supralateralbogen nahezu mit dem 46°-Ring zusammen, so dass eine Unterscheidung sehr schwierig ist. Erst ab einer Sonnenhöhe zwischen 27° und 32° steht der Supralateralbogen deutlich höher als der 46°-Halo. Darüber hinaus liefert auch der Zirkumzenitalbogen einen Anhaltspunkt zur Unterscheidung, da der Zirkumzenitalbogen den Supralateralbogen bei allen Sonnenhöhen berührt. Weitere Unterscheidungsmerkmale können die stärkere Farbigkeit des Supralateralbogens und das gleichzeitige Vorhandensein bzw. die Helligkeit des oberen Berührungsbogens sein, da dieser ebenso wie der Supralateralbogen an schwebenden Säulenkristallen entsteht.

INFRALATERALBOGEN

Der Infralateralbogen kann wie der Supralateralbogen sehr farbig werden und entsteht wie dieser in schwebenden Säulchenkristallen. Auch seine Gestalt ändert sich mit der Sonnenhöhe. Bei tiefem Sonnenstand sind zwei untere seitliche Berührungsbögen am 46°-Ring zu sehen. Mit steigender Sonne wandern die Berührungspunkte abwärts den Ring entlang. Bei einer Sonnenhöhe >60° vereinigen sich die beiden seitlichen Infralateralbö-

Simulation der Veränderlichkeit des Supralateralbogens bei verschiedenen Sonnenhöhen.

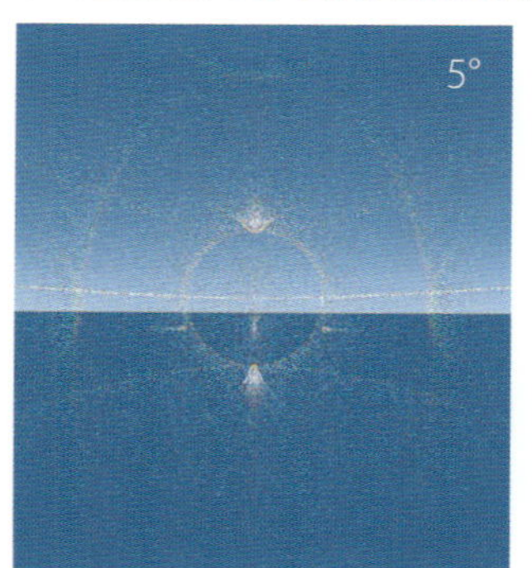

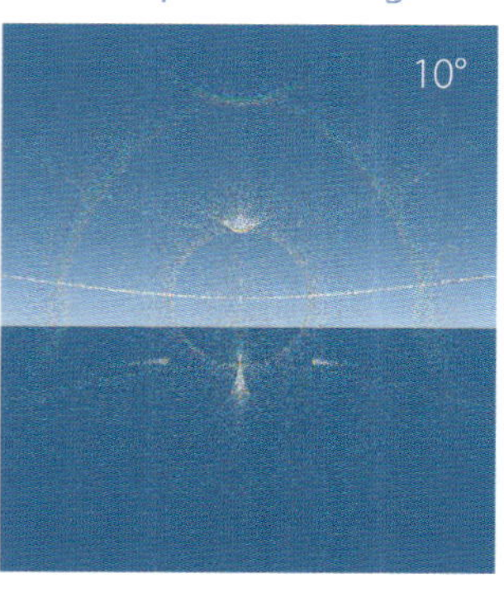

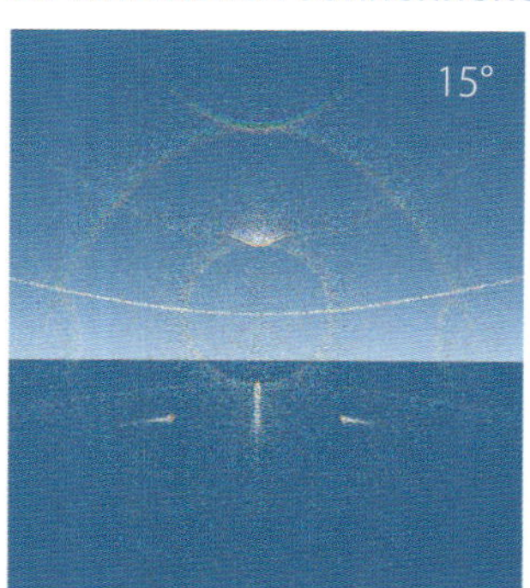

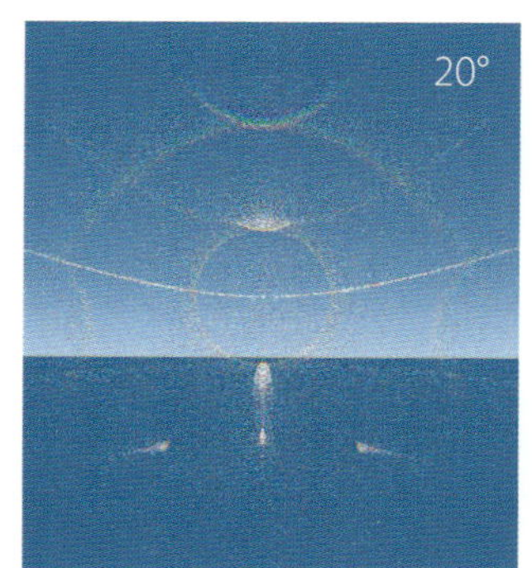

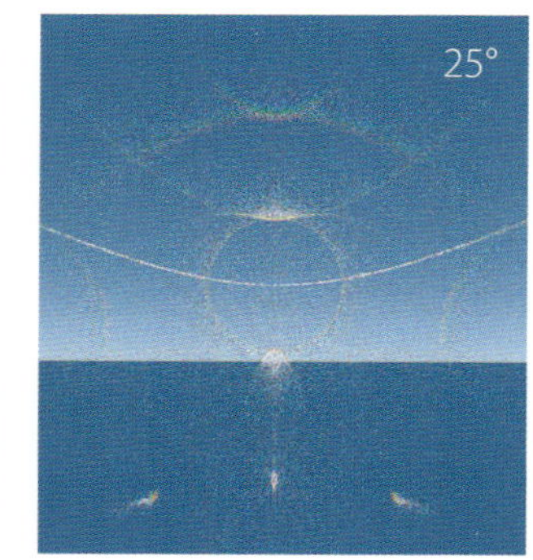

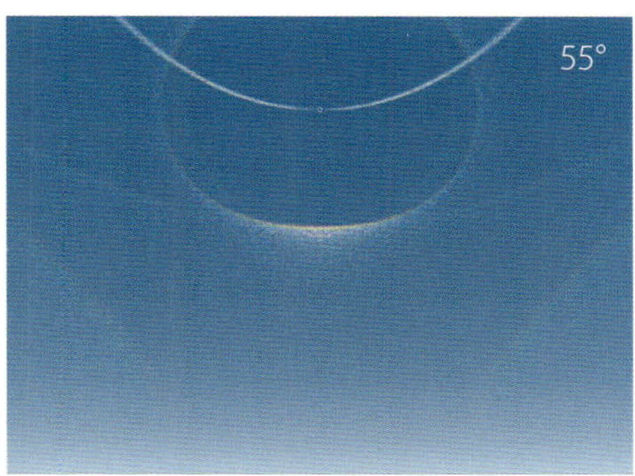

Simulation von Zirkumhorizontalbogen und Infralateralbogen bei großen Sonnenhöhen.

Unterscheidungsmerkmale von Zirkumhorizontalbogen und Infralateralbogen

Zirkumhorizontalbogen	Unterer Teil des Infralateralbogens
Halo ist oft leuchtend farbig und häufig breit und diffus, Bogen verläuft parallel zum Horizont, ist am häufigsten in einzelnen Cirren zu sehen, tritt häufig als alleinige Haloart auf.	Bogen ist schmaler und deutlich definiert, verläuft vom Scheitelpunkt direkt unterhalb der Sonne leicht V-förmig nach oben, ist häufiger in gleichmäßigem Cirrostratus zu sehen, Umschriebener Halo ist vorhanden und der 22°-Ring ist nicht sichtbar bzw. deutlich schwächer als der Umschriebene Halo.

gen zu einem unteren Bogen, der bei alleinigem Vorhandensein eines unteren Fragments nur sehr schwer vom Zirkumhorizontalbogen zu unterscheiden ist.

TAPES BÖGEN

William Parry beschrieb bereits in seiner Beobachtung von 1820 deutliche Aufhellungen auf dem Supralateralbogen. Aber erst Walter Tape konnte die Bögen durch mehrere Beobachtungen am Südpol im Jahre 1986 als separate Haloarten wahrnehmen und sie näher untersuchen. Sie entstehen wie beim Parrybogen durch orientierte Eiskristalle und treten am ehesten dann auf, wenn sowohl Supralateral- oder Infralateralbogen als auch ein heller Parrybogen vorhanden ist. In voller Ausprägung sitzen die Tape-Bögen als kurze, V-förmige Berührungsbögen links und rechts auf dem Supralateralbogen oder in den unteren seitlichen Infralateralbögen.

120°-NEBENSONNE, GEGENSONNE UND LILJEQUISTS NEBENSONNE

Auf dem Horizontalkreis sind bei großer Ausprägung mitunter weiße Lichtflecken zu sehen. In 120° Abstand zur Sonne entstehen links und rechts durch Reflexion an relativ dicken schwebenden Plättchenkristallen die 120°-Nebensonnen, oder in älterer Literatur auch Nebengegensonnen genannt. An richtig positionierten Cirrenfetzen können die 120°-Nebensonenn auch alleine auftreten, was aber nur geübten Beobachtern auffällt. Manchmal tritt auf dem Horizontalkreis in geringem Abstand zu den 120°-Nebensonnen ein farbiger, meist bläulicher Abschnitt, der so genannte Blue Spot auf. In diesem Winkelbereich gibt es in den hexagonalen Eiskristallen einen Übergang von Totalreflexion zur partiellen Reflexion, die farbabhängig ist und für Blau eher eintritt. Steigt die Sonne über 32°, dann ist der Lichteinfall so schräg, dass nur noch eine Totalreflexion stattfinden kann. Ab dieser Sonnenhöhe kann der Blue Spot nicht mehr auftreten. In einem Sonnenabstand von 150°–160° schließen sich die Liljequist-Nebensonnen an. Diese nach dem schwedischen Erstbeobachter Gösta H. Liljequist benannten Aufhellungen sind vor allem bei tiefen Sonnenständen zu beobachten. Für deren Bildung durch zwei interne Reflexionen sind nach derzeitiger Theorie perfekt geformte hexagonale Plättchen erforderlich. Allerdings wird diese Haloart und deren mögliche Entstehung noch immer diskutiert.

Genau der Sonne gegenüber schließt sich als heller, weißer Fleck die Gegensonne an, deren Entstehung, ja sogar deren Existenz als eigenständige Halo-Erscheinung ebenfalls noch sehr umstritten ist, da sich im Punkt gegenüber der Sonne mehrere Halos schneiden und die Aufhellung erzeugen könnten.

Blue Spot auf dem Horizontalkreis im Bereich der 120°-Nebensonne.

SONNENBOGEN

Mit einem Sonnenbogen ist am ehesten dann zu rechnen, wenn ein heller Parrybogen sichtbar ist, da der Sonnenbogen wie dieser an doppelt orientierten Säulchenkristallen entsteht. Dabei wird das Sonnenlicht zusätzlich an den beiden Prismenflächen an der linken und rechten Seite des Kristalls gespiegelt. Bei tief stehender Sonne bildet der Sonnenbogen über der Sonne eine riesige Schleife, deren Enden sich in der Sonne kreuzen. Mit zunehmender Sonnenhöhe wird die Schleife immer kleiner, so dass sich deren Scheitelpunkt bei 50° Sonnenhöhe unterhalb des Parrybogens befindet. Gleichzeitig schwenken die beiden Enden des Bogens unterhalb der Sonne immer weiter nach beiden Seiten aus und treffen sich bei 65° Sonnenstand gegenüber der Sonne am Horizont. Da der Bogen sehr lichtschwach und weiß ist, hebt er sich kaum vom Horizont ab, was eine Beobachtung des selten auftretenden Bogens noch schwieriger macht.

UNTERSONNENBOGEN

Der Untersonnenbogen verläuft in einem Abstand von etwa 5° parallel zum Sonnenbogen, er umschließt ihn also regelrecht. Mit zunehmender Sonnenhöhe läuft er auf der Sonnenseite auseinander und wird ab ca. 30° Sonnenstand zur Verlängerung der beiden Schleifenenden des Sonnenbogens zum Sonnengegenpunkt hin. Da sein Verlauf meist tief am Horizont ist, fehlt es zudem noch an Kontrast, so dass er kaum als Bogen auszumachen ist. Im bodennahen Eisnebel kann man ihn vor blauen Himmel dagegen häufiger beobachten.

WEGENERS GEGENSONNENBOGEN

Vom oberen Berührungsbogen ausgehend verlaufen zwei Bögen innerhalb des Horizontalkreises entlang, die sich schleifenartig im Gegensonnenpunkt treffen und dort ein x-förmiges Kreuz bilden. Diese Bögen wurden nach Alfred Wegener benannt, der in seinem Bericht »Theorie der Haupthalos« aus dem Jahr 1926 nicht nur zum ersten Mal diese sehr selten auftretende Halo-Erscheinung beschrieb, sondern auch das damalige kristalloptische Verständnis über Halo-Erscheinungen zusammenfasste.

Wegeners Gegensonnenbogen wird durch nahezu ideal, aber nur einfach horizontal ausgerichtete Säulenkristalle hervorgerufen. Sobald die Kristalle etwas von der horizontalen Lage abweichen, wird der Bogen undeutlich, weswegen er nur sehr selten zu sehen ist.

Simulation des Sonnenbogens bei unterschiedlichen Sonnenhöhen.

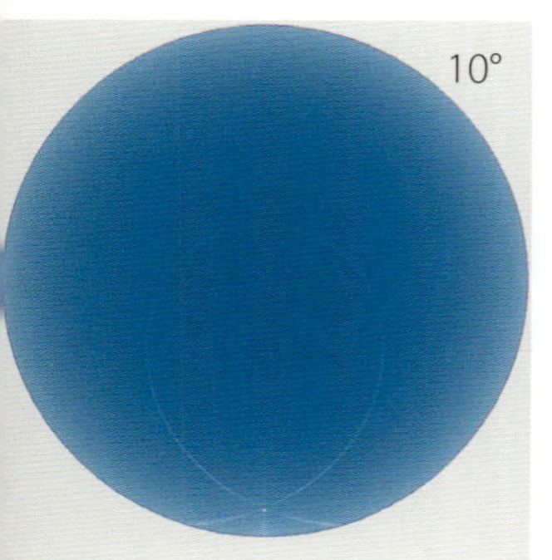

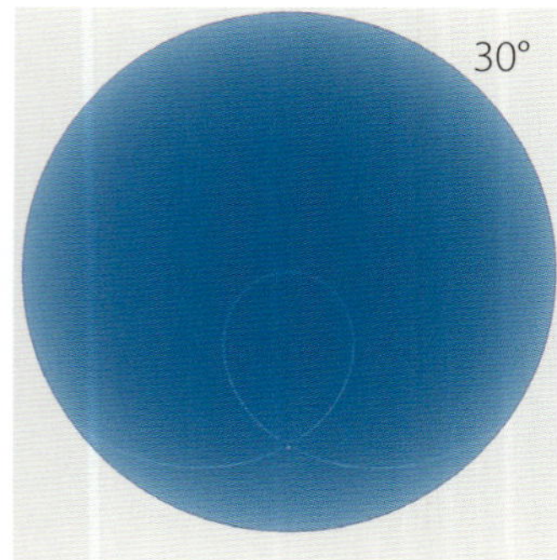

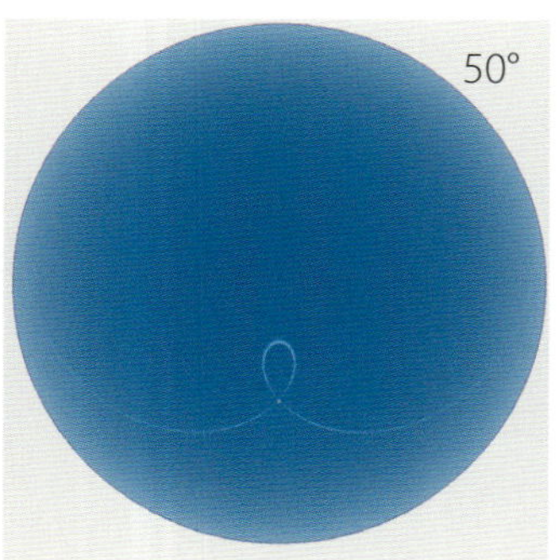

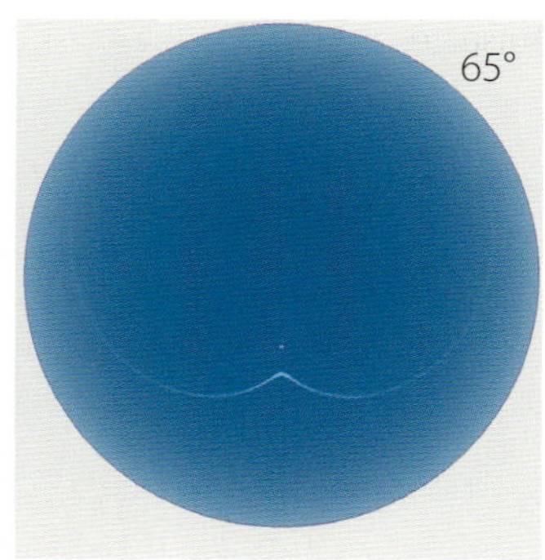

ELLIPTISCHE RINGE UND BOTTLINGER-RINGE

Elliptische Ringe entstehen meist in unmittelbarer Sonnennähe von 5° und weniger, also in einem Bereich, der von der Sonne stark überstrahlt wird. Das macht natürlich sowohl die Beobachtung als auch die Fotografie sehr schwierig. Insofern ist es schwer zu sagen, wie selten die elliptischen Ringe wirklich sind. Als Gegenstück dazu können auch um die Untersonne elliptische Ringe entstehen. Diese wurden erstmals durch C. F. Bottlinger beschrieben, der sie am 13. März 1909 nahe Göttingen während einer Ballonfahrt beobachten konnte.

Der aktuellen Theorie nach entstehen elliptische Ringe durch Spiegelung an sehr dünnen Plättchen mit stumpfen, pyramidenartigen Aufsätzen in der Mitte, die nahezu exakt horizontal ausgerichtet sein müssen. Durch die verschiedenen Spiegelungswinkel an der geneigten und dadurch unterschiedlich dicken Basisfläche entstehen keine Kreise, sondern Ellipsen. Allerdings stimmen bei dieser Halo-Art die Simulationen nicht gänzlich mit den beobachteten Ringen überein, so dass auch hier weitere Nachforschungen nötig sind.

HALOS AN PYRAMIDALEN EISKRISTALLEN

Neben dem 22°- und dem 46°-Ring werden gelegentlich auch Ringe mit anderen Durchmessern um die Sonne gesichtet, deren Radien zwischen 9° und 35° liegen und die mit zahlreichen seitlichen sowie oberen und unteren Berührungsbögen verziert sein können. In der Literatur tauchen diese Ringe häufig unter dem Namen ihres jeweiligen Erstbeobachters auf: 9°-Ring (Halo von Hall oder Buijsens Halo), 18°-Ring (Halo von Heiden oder Rankins Halo), 20°-Ring (Burneys Halo), 23°-Ring (Barkows Halo), 24°-Ring (Dutheils Halo) und 35°-Ring (Feuillés Halo).

Bereits 1847 führte Auguste Bravais die Entstehung der Ringe auf Prismen mit Endpyramiden zurück. Durch die pyramidalen Aufsätze entstehen am Kristall 12 pyramidale Flächen und 2 Basisflächen, also insgesamt 20 Seiten. Wegen der großen Anzahl von Kristallflächen sind viele Strahlengänge möglich, welche aufgrund der Flächenneigung die verschiedenen Ringe mit ungewöhnlichen Radien hervorrufen. Sind die pyramidalen Kristalle genau horizontal oder vertikal ausgerichtet, dann entstehen zu den Halos mit ungewöhnlichen Radien verschiedene Berührungsbögen.

SEITE 151:

Zirkumhorizontalbogen bei sommerlich hohem Sonnenstand über den Allgäuer und Lechtaler Alpen.

SEITE 152:

Unterer Teil des 22°-Ringes (Oben) und der ca. 22° darunter liegende Zirkumhorizontalbogen (Mitte).

SEITE 153:

Parrybogen als V-förmiger Doppelbogen mit oberem Berührungsbogen bei sehr tiefem Sonnenstand.

SEITE 154:

Bei höherem Sonnenstand liegt der Parrybogen über dem oberen Berührungsbogen.

SEITE 155 UNTEN LINKS:

Seitlicher Lowitzbogen, der eine Verbindungslinie zwischen Nebensonne und 22°-Ring bildet.

SEITE 155 OBEN UND UNTEN RECHTS:

Oberer, kreisrunder Lowitzbogen und Parrybogen in der Gesamtansicht und als Ausschnitt.

SEITE 156:

22°- und 46°-Ring um die Wetterwarte auf dem Fichtelberg/Erzgebirge in Eisnebel. Der obere Berührungsbogen ist hier kaum vorhanden.

SEITE 157:

Halophänomen mit Supralateralbogen und Infralateralbogen neben der Wetterwarte auf der Zugspitze. Der obere Berührungsbogen ist hier sehr stark ausgeprägt.

SEITE 158:

Rechter Infralateralbogen vor schneebedecktem Hintergrund zusammen mit heller Rechter Nebensonne, 22°-Ring und Horizontalkreis.

SEITE 159:

Unterer Teil des Infralateralbogens, der bei einer Sonnenhöhe über 60° nur schwer vom Zirkumhorizontalbogen unterscheidbar ist.

SEITE 160:

Unterer Tape-Bogen als V-förmiger Berührungsbogen am Infralateralbogen (links im Bild) sowie heller unterer Berührungsbogen.

SEITE 161:

Halophänomen mit 120°-Nebensonne, Horizontalkreis, Parrybogen und Zirkumzenitalbogen.

SEITE 162:

Halophänomen mit komplettem Sonnenbogen und den oberen und unteren Tape-Bögen, welche als V-förmige Berührungsbögen auf dem Supra- und Infralateralbogen sitzen. Teil des umfangreichen Halophänomens am 30. Januar 2014 in Eisnebel im Fichtelberg-Keilberg-Gebiet (Erzgebirge).

SEITE 163:

Innerhalb des Horizontalkreises verläuft Wegeners Gegensonnenbogen. Er beginnt am Schnittpunkt 22°-Ring/oberer Berührungsbogen und endet in einem Kreuz im Gegensonnenbereich.

SEITE 164/165:

Halophänomen in Eisnebel. Links ist das Gegensonnenkreuz zu sehen, welches durch Wegeners oder andere Gegensonnenbögen gebildet wird. Rechts erscheint ein Teil des Untersonnenbogens, der auf diesem Panorama vom 46°-Bereich ausgehend nach links oben verläuft und den Horizontalkreis schneidet.

SEITE 166:

Die in Eiskristalle zerfallenden Wolken aus dem Tal erzeugen einen elliptischen Ring. Aufgenommen auf dem Wendelstein (Detailansicht rechts).

SEITE 167:

Ringe unterschiedlichen Durchmessers, verursacht durch pyramidale Eiskristalle.

SEITE 168:

Bottlinger-Ringe aus dem Flugzeug heraus fotografiert.

EISNEBELHALOS

Im Winter treten gelegentlich Halos auf, die nicht in den Eiskristallen von Cirruswolken entstehen. Die schönsten, hellsten und farbigsten Halo-Erscheinungen entstehen durch Lichtbrechung und -spiegelung im bodennahen Eisnebel. Bei winterlichen Hochdruckwetterlagen sinkt häufig die schwere, kalte Luft zu Boden und bildet eine Nebel- oder Hochnebeldecke. Die Gipfel der Berge ragen dagegen oft aus dem Nebelmeer heraus. Wenn im oberen, schon sonnendurchfluteten Nebelbereich die Temperaturen deutlich unter den Gefrierpunkt sinken, kristallisiert durch die feuchtegesättigte Luft der Wasserdampf aus und es entstehen kleinste Eiskristalle. Durch ihr geringes Eigengewicht schweben sie oft in der Luft (»Diamantstaub«) oder fallen nur langsam zu Boden.

Wie die Erfahrung bisheriger Beobachtungen lehrt, sind die besten Bedingungen für Eisnebelhalos aber nicht nur tiefe Temperaturen, sondern auch Wolkenfelder, die sich durch Leeeffekte an Bergen auflösen und regelrecht in Eiskristalle zerfallen. Schneekanonen scheinen diesen Effekt zu begünstigen, da sie die Kondensationskeime liefern, die dann in der Feuchtigkeit der Wolken zu optisch optimalen Eiskristallen heranwachsen können.

Auch im Flachland können unter bestimmten Bedingungen Halos in Eisnebel oder Polarschnee entstehen. Das sind fallende Eiskristalle, die bei oft wolkenlosem Himmel entstehen, wenn Luftfeuchte kristallisiert. Voraussetzungen für die Entstehung sind auch hier Temperatur und Luftfeuchte: Je tiefer die Temperaturen, desto geringer muss die relative Luftfeuchte sein, um eine Feuchtesättigung der Luft zu erreichen und winzige Eiskristalle zu bilden. Begünstigt sind Flusstäler oder wassernahe Beobachtungsorte, aber auch die Nähe zu Industriewerken, die durch Schornsteine Wasserdampf abgeben. Beobachtungen sind vor allem in den Morgenstunden kurz nach Sonnenaufgang möglich, wenn die Temperaturen am tiefsten und die relative Luftfeuchte allgemein am höchsten ist. Am häufigsten sind Nebensonnen zu sehen, was daran liegt, dass sie sich bei tief stehender Sonne in Augenhöhe des Beobachters befinden, wo die Dichte des »Diamantenstaubes« am größten ist.

Solche winterlichen Halos können aber nicht nur an schwebenden Eiskristallen auftreten, sondern auch:

- in Schneekristallen, wobei in fallendem Schnee meist Lichtsäulen und auf einer Schneedecke der 22°-Ring und 46°-Ring auftreten kann
- im morgendlichen Reif, in dem, wie auf der Schneedecke, der 22°-Ring und der 46°-Ring beobachtbar sind
- in Raureif; dieser entsteht bei Temperaturen unter −8°C und Nebel. Nach Nebelauflösung lösen sich diese Eisplättchen durch leichten Wind oft von Bäumen und anderen Gegenständen und schweben in der Luft. Bisher wurden hauptsächlich Lichtsäulen, Nebensonnen und der Zirkumzenitalbogen an schwebenden Rauhreifplättchen beobachtet.

MOILANENBOGEN

Bereits 1975 wurde von Horst Gäbler (1921–2014) auf dem Fichtelberg im Erzgebirge als Teil eines Eisnebelhalos ein Bogen dokumentiert, der V-förmig ca. 10° oberhalb der Sonne stand. Im November 1995 konnte der Finne Jarmo Moilanen diesen später nach ihm benannten Bogen schließlich fotografieren und vermessen. Karl Kaiser beobachtete am 30. Januar 1997 einen ähnlichen Bogen im Diamantstaub im oberösterreichischen Schlägl. Bis heute gibt diese Erscheinung Rätsel auf, vor allem, weil es sich um eine Kristallform handeln muss, die nur im Eisnebel, nicht aber in Cirren vorkommt, denn dort ist dieser Bogen noch niemals beobachtet worden. Außerdem scheint dieser Kristall keine anderen »exotischen« Halos zu erzeugen, wie es zum Beispiel bei pyramidalen Eiskristallen der Fall ist.

Es wurde mehrmals während des Auftretens des Moilanenbogens nach möglichen verursachenden Eiskristallen gesucht, aber bisher ohne durchgreifenden Erfolg. Inzwischen kann der Bogen jedoch an einer keilförmigen Kristallform mit einem Neigungswinkel von 34° simuliert werden. Ob diese Kristallform so in der Natur wirklich vorkommt und ob sie vor allem in der notwendigen exakten senkrechten Ausrichtung in der Luft schweben kann, ist fraglich. Insofern ist die Ursache des Moilanenbogens bis heute ein Geheimnis.

SEITE 170/171:

Moilanenbogen zusammen mit oberem Berührungsbogen und 22°-Ring in Davos, Schweiz.

SEITE 172:

22°-Ring auf einer Schneedecke. Auf der zweidimensionalen Erdoberfläche wirkt der 22°-Ring parabelförmig.

SEITE 174:

Entwicklung des unteren Berührungsbogens unterhalb des Horizontes.

SEITE 175 LINKS:

Untersonne über dem Wendelsteinkircherl.

SEITE 175 RECHTS:

Untersonnenflimmern in Eiskristallen über den Straßen von München.

SEITE 176:

Rechte Unternebensonne auf tiefer liegender Wolkendecke.

SEITE 177:

Lichtsäulen an Straßenlampen.

SEITE 178:

»Sektgläser« an Straßenlampen.

HALOS UNTER DEM HORIZONT

Nicht nur vom Flugzeug aus, sondern auch im Winter in den Bergen hat man die einmalige Chance, auch Halos unterhalb des Horizontes zu sehen, nämlich dann, wenn der Beobachter auf Eiskristalle blicken kann, die sich in Senken und Tälern befinden. Vor allem Skifahrer kommen somit in den Genuss, Haloformen zu sehen, die sonst verborgen bleiben. So kann man zum Beispiel die Entwicklung des unteren Berührungsbogens beobachten, der aus einer schmalen Schleife heraus langsam breiter wird und schließlich zu einer V-Form auseinander läuft – oder man sieht den weiteren, fast parallelen unteren Verlauf von Sonnenbogen und Wegeners Gegensonnenbogen. Es gibt zudem auch einige Haloarten, die ausschließlich unterhalb des Horizontes sichtbar werden.

UNTERSONNE

Die Untersonne ist ein Spiegelungshalo. Sie erscheint daher weiß und kann mitunter leuchtend hell werden. Sie liegt genauso tief unterhalb des Horizontes wie die Sonne darüber. Bei Sonnenhöhen <22° ist sie innerhalb des 22°-Ringes und oberhalb des unteren Berührungsbogens zu finden, was mitunter ein ungewöhnliches Bild ergibt.

UNTERNEBENSONNEN

Auch die Unternebensonnen liegen genauso weit unter dem Horizont wie die Nebensonnen darüber. Da sie bei leicht gekippten Eisplättchen vertikal sehr lang werden können, gibt es bei tiefem Sonnenstand häufig eine Verbindung zwischen Nebensonne und Unternebensonne. Die Entstehung unterscheidet sich von der Nebensonne dadurch, dass das Licht an der unteren Basisfläche der schwebenden Plättchen total reflektiert wird.

UNTERHORIZONTALKREIS MIT 120°-UNTERNEBENSONNEN

Sehr selten, aber dennoch schon mehrfach beobachtet, ist der Unterhorizontalkreis, der parallel zum Horizont durch Untersonne und den Unternebensonnen verläuft. Er entsteht durch Reflexion an der Unterseite von Eisplättchen, was in 120°-Sonnenabstand – ebenso wie beim »normalen« Horizontalkreis – zur Bildung von 120°-Unternebensonnen führen kann.

HIMMLISCHE SEKTGLÄSER UND SCHWEBENDE LICHTSTREIFEN

In bodennahen Eiskristallen wird nicht nur das parallel einfallende Sonnenlicht gespiegelt oder gebrochen, sondern auch das divergierende Licht künstlicher Lichtquellen zeichnet abstrakte Formen auf die Kristallleinwand. Aufgrund der allseitigen Ausbreitung des Lichtes entsteht ein dreidimensionaler Raum und die Halos entstehen in räumlicher Nähe zum Beobachter. Dadurch wirken viele Haloarten anders als gewohnt: Lichtsäulen und oberer Berührungsbögen verwandeln sich in hochstielige Sektgläser und Lichtsäulen verlaufen hoch in den Himmel und scheinen im Zenit wie die Korona eines Polarlichtes zusammenzulaufen.

FOTOGRAFIE UND BEOBACHTUNG

Halos gehören zu den häufigsten und schönsten atmosphärischen Erscheinungen, sie sind häufiger als zum Beispiel Regenbögen und sind dennoch vielen Menschen völlig unbekannt. Viele wundervolle Halo-Erscheinungen bleiben unentdeckt, weil sie nicht beachtet werden, denn sie sind in der Regel ziemlich lichtschwach und treten meist in der unmittelbaren Sonnenumgebung auf, was eine Beobachtung durch die Blendwirkung erschwert. Oft sind sie nur durch eine Sonnenbrille zu sehen oder dann, wenn die Sonne durch einen Baum, ein Häuserdach oder Ähnliches abgedeckt ist. Zwar gibt es einige Haloarten, die mit enormer Farbigkeit und Helligkeit brillieren, aber aufgrund ihrer ungewöhnlichen Position am Himmel werden sie kaum beachtet. Zudem werden viele Halo-Erscheinungen fehlinterpretiert. Ein am Mond meist gut zu beobachtender 22°-Ring wird häufig als Hof oder Kranz angesehen und ein farbiger Zirkumzenitalbogen taucht in Beschreibungen oft als »umgekehrter Regenbogen« auf.

Cirrus

Cirrostratus

Cirrocumulus

Eisschirm einer Gewitterwolke

Fallstreifen

Kondensstreifen

Eisnebel

Schneedecke

Entstehungsorte von Eiskristallen und Halos.

Ein aufmerksamer und kundiger Halobeobachter kann durchschnittlich an über 100 Tagen im Jahr in Mitteleuropa Halos beobachten. Die häufigsten Halos sind in Richtung der Sonne zu sehen. Da man nie mit bloßem Auge in die Sonne schauen darf, empfiehlt sich als Hilfsmittel eine dunkle Sonnenbrille. Sie dämpft nicht nur das störende Sonnenlicht, sondern erhöht auch den Kontrast zwischen Halo und Himmelshintergrund. Zudem sollte man vor allem bei sonnennahen Halos die Sonne durch ein geeignetes Hindernis, zum Beispiel durch eine Straßenlampe, einen Häusergiebel oder notfalls durch die ausgestreckte Hand abdecken. Passionierte Halobeobachter führen ein rückseitig schwarz lackiertes, handtellergroßes Uhrglas mit sich, auf dessen konvexer Seite sich der Himmel im günstigen Weitwinkeleffekt spiegelt. Auch in verspiegelten Sonnenbrillen kann man das Himmelsgeschehen weitwinklig abbilden. Sobald sich dünne Schleierwolken über den noch sonnigen Himmel schieben, kann die Jagd beginnen.

Die für die Entstehung von Halos nötigen Eiskristalle kommen hauptsächlich in hohen Cirruswolken zwischen 7 und 12 Kilometern Höhe vor. Diese hohen Schleierwolken teilt man in drei verschiedene Arten ein: Cirrus, Cirrostratus und Cirrocumulus. Sie sind für die meisten Haloerscheinungen verantwortlich. Aber auch Kondensstreifen von Flugzeugen, die Fallstreifen von Altocumuluswolken oder der hoch reichende Schirm einer Gewitterwolke können aus Eiskristallen bestehen und Halos verursachen. Auf einer Schneedecke ergeben die farbig leuchtenden Kristalle in der Regel den 22°- oder den 46°-Ring. Der winterliche Eisnebel erzeugt im Winter oft die größte Artenvielfalt in atemberaubender Helligkeit.

Jede der über 50 bekannten Haloarten hat ihren festen Platz am Himmel. Als beginnender Halobeobachter sollte man sich auf die häufigsten Erscheinungen konzentrieren. Zu diesen zählt der 22°-Ring (ca. 40%), die Nebensonnen (ca. 30%), der obere und untere Berührungsbogen, welche bei größeren Sonnenhöhen in den umschriebenen Halo übergehen (ca. 12%), die Lichtsäulen (ca. 8%) und der Zirkumzenitalbogen (ca. 5%). Diese fünf Haloarten machen also 95% aller Erscheinungen aus. Hat man bei der Beobachtung dieser Halos eine gewisse Routine erlangt, kann man nach vorheriger theoretischer Studie gezielt nach seltenen Arten Ausschau halten. Für die Fotografie der Haloerscheinungen eignen sich am besten Kameras mit einstellbarer Blende und veränderlichen Belichtungszeiten. Empfehlenswert ist eine Belichtungsserie mit Tendenz zur Unterbelichtung bei abgedeckter Sonne. Bei größeren Halophänomenen, die sich über einen großen Bereich des Himmels erstrecken, sind Weitwinkelobjektive vorteilhaft. Aber auch ein 22°-Ring um die Sonne ist auf einem Weitwinkelbild deutlicher zu sehen als in einer Nahaufnahme. Nebensonnen gehen allerdings in einer Weitwinkelaufnahme eher unter, lassen sich mit Objektiven höherer Brennweite dagegen oft viel eindrucksvoller ablichten. Für die spätere Bearbeitung sind Bilder in hoher Auflösung und RAW-Format von Vorteil. So kann man nachträglich den Kontrast anheben, den Vordergrund aufhellen und somit das Halo kunstvoll in Szene setzen. Schwache Halos werden mit Hilfe von Bildbearbeitung sichtbar, oft macht sie sogar die Identifizierung der Haloart erst möglich. Man unterscheidet hier zwischen ästhetischen Bildern und wissenschaftlicher Dokumentation mit Bildverfremdung.

STACKEN

Beim Aufeinanderrechnen (»Stacken«) von Bildern legt man mit Hilfe eines Bildbearbeitungsprogramms mehrere Bilder mit kurzem zeitlichen Abstand und/oder unterschiedlicher Belichtung übereinander und richtet diese anhand eindeutiger Merkmale zueinander aus. So können zum einen ziehende Wolken nahezu unsichtbar gemacht, aber auch schwache farbige Erscheinungen durch Aufsummierung verdeutlicht werden. Geeignete Programme sind zum Beispiel Giotto oder Registax.

UNSCHARFE MASKE

Um schwache Bögen besser identifizieren zu können, hilft (einzeln oder noch besser in Kombination mit gestackten Bildern) die Anwendung einer Unscharfen Maske, wobei die Bilder komplett unbearbeitet sein müssen. Verschiedene Programme zur Bildbearbeitung enthalten die Maskierung als Bildbearbeitungsfunktion. Die Einstellungen sind abhängig von der Bildgröße und der verwendeten Brennweite. Generell nimmt der Radius mit zunehmender Bildgröße zu.

Orientierungswerte für die Anwendung der Unscharfen Maske

Eigenschaft	Stellwerte
Radius	40 Pixel
Stärke/Menge/Betrag	400 % bzw. 4
Schwellenwert	0

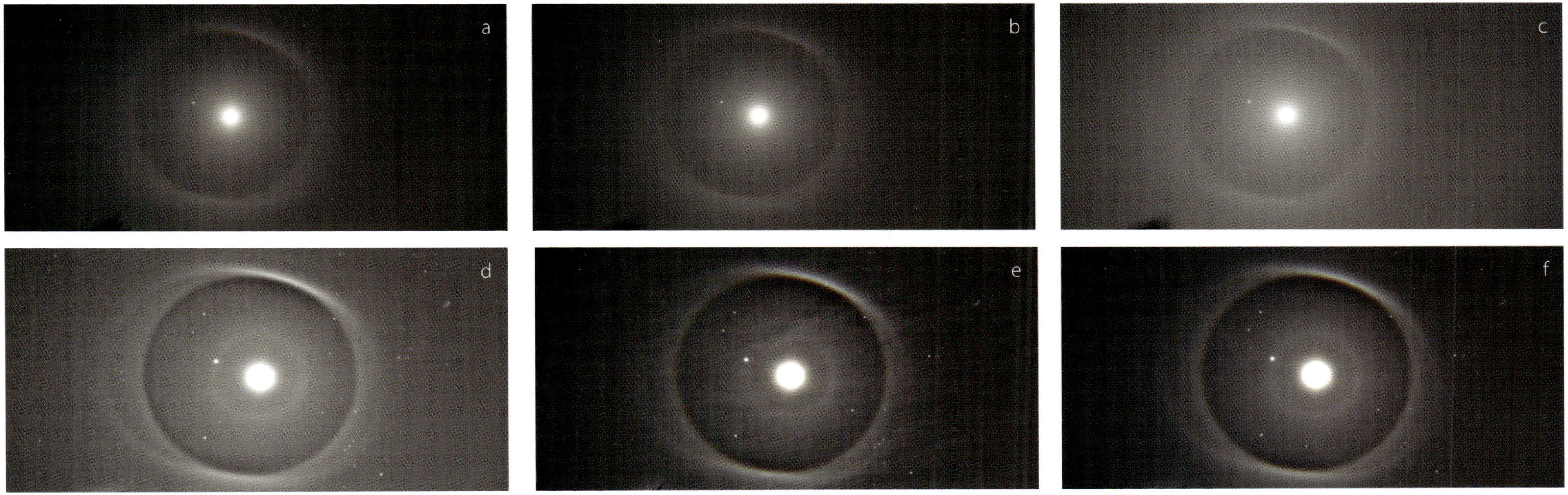

a b c d e f

Die verschiedenen Bearbeitungsmethoden im Vergleich: Original (a), Stacken (b), R-B-Methode (c),Stacken und R-B-Methode (d), Unscharfe Maske (e), Stacken und Unscharfe Maske (f). Während im Originalbild nur der 22°-Ring mit oberen Teil des Umschriebenen Halos sichtbar ist, erscheinen in der Bearbeitung zusätzlich der 9°-Ring, der vollständig Umschriebene Halo, der Horizontalkreis sowie auf der rechten Seite der 46°-Ring und der Infralateralbogen.

ROT-BLAU-METHODE

Die Idee hinter der von Nicolas Rossetto entwickelten Rot–Blau-Methode ist, nicht relevante Bilddetails wie zum Beispiel Wolkenstrukturen zu entfernen und so die Sichtbarkeit der Halos zu verbessern. Diese Methode liefert in der Regel sehr gute Ergebnisse, weil sie kaum Artefakte erzeugt, funktioniert aber nur bei Haloerscheinungen, die durch Lichtbrechung entstehen, also Erscheinungen in Spektralfarben. Die größte Verbesserung wird durch Subtraktion der äußersten Schichten in Bezug auf die Wellenlänge erzeugt, das heißt der roten und blauen Schichten. Somit kann der Rotanteil von Brechungshalos dargestellt werden. Bei der Verwendung von jpg-Bildern wird die blaue Schicht in der Regel sehr komprimiert, was zu schlechteren Ergebnissen führt. Bilder, die für die Anwendung der R-B-Methode vorgesehen sind, sollten also im RAW-Format aufgenommen werden. Mit Hilfe moderner Bildbearbeitungsprogramme (zum Beispiel Photoshop, Gimp) wird über die Kanalberechnung der blaue Kanal vom Roten subtrahiert. Ganz wichtig ist es dabei, die Deckkraft auf 50% setzen, sonst wird das Bild schwarz. Nach anschließender Begrenzung der Tonwertspreizung auf 0 bis 127 lohnt sich zusätzlich eine Invertierung. Eine Kombination mit der Unscharfen Maske erhöht den Kontrast noch zusätzlich.

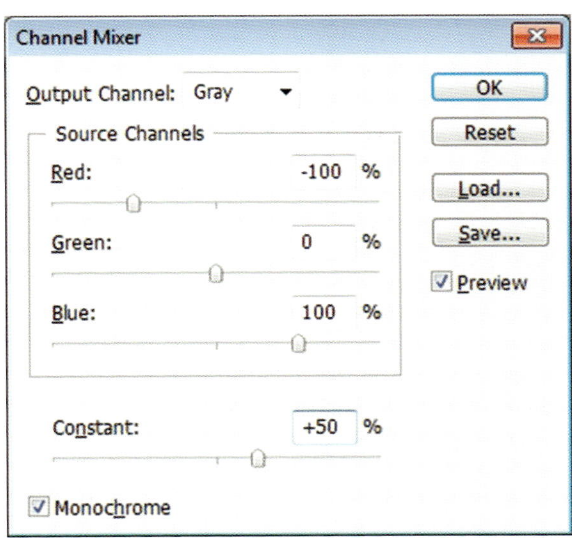

Einstellungen im Kanalmixer von Photoshop.

ERMITTLUNG VON ABSTÄNDEN IN GRAD

Halos sind keine greifbaren Objekte in einer bestimmten Entfernung vom Beobachter, sondern vielmehr Licht, welches den Beobachter aus diversen Raumrichtungen erreicht. Daher werden ihre Abmessungen in Winkelgrad angegeben. Dabei wird der Winkel immer von der scheinbaren Linie Auge-Sonne ausgehend bestimmt, wobei der Scheitelpunkt das Auge ist.

Die besten Ergebnisse bei der Bestimmung eines Winkels erhält man mit Winkelmessgeräten wie zum Beispiel einem Sextanten. Allerdings sind Halobeobachtungen nicht planbar und insofern ist man nur selten mit entsprechenden Messgeräten ausgestattet.

Der ungefähre Winkel lässt sich allerdings auch mit Hilfe der ausgestreckten Hand bestimmen:

- die Breite des Daumens beträgt etwa 2°.
- betrachtet man den Daumen abwechselnd mit dem rechten und dem linken Auge, erhält man den so genannten Daumensprung, der in etwa 5° entspricht.
- die Breite der Faust beträgt etwa 10°.
- der Abstand zwischen Daumen und kleinem Finger an der gespreizten Hand beträgt etwa 22°, entspricht also dem Radius des 22°-Rings.

Achtung: Bei Messungen am Horizontal- und Unterhorizontalkreis müssen die Winkel, etwa der 120°-Nebensonnen, auf einen Kleinkreis bezogen werden. Dasselbe gilt für das Abrücken der Nebensonnen vom 22°-Ring. Die obigen Körpermaße sind nur für Großkreisabstände verwendbar.

Die Abstände am Himmel werden in Winkelgrad gemessen. Dabei wird der Winkel immer von der scheinbaren Linie Auge-Sonne ausgehend bestimmt, wobei der Scheitelpunkt immer das Auge ist.

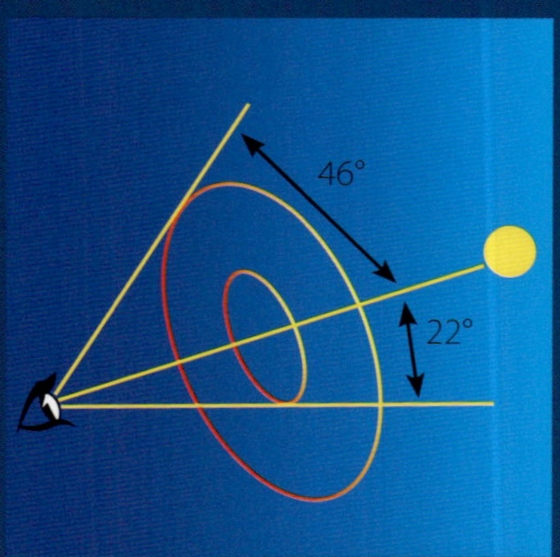

Grobe Abstandsmessung mit der Freihandmethode.

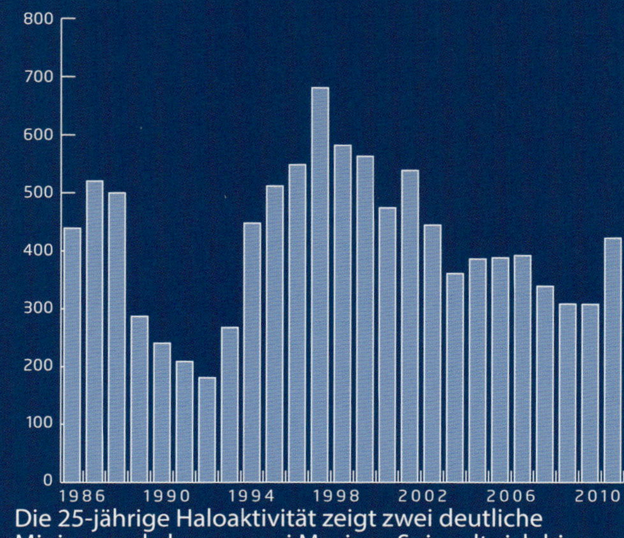

Die 25-jährige Haloaktivität zeigt zwei deutliche Minima und ebenso zwei Maxima. Spiegelt sich hier verzögert die Sonnenaktivität wider?

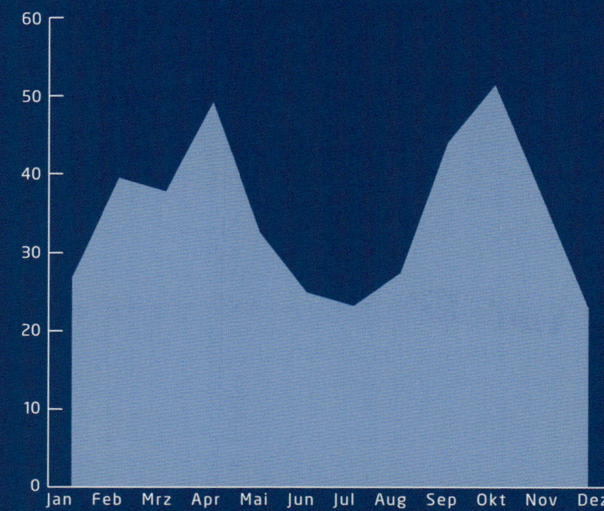

In der 25-jährigen monatlichen Haloaktivität zeichnet sich im Frühjahr und Herbst ein Maximum ab. Erwartungsgemäß sind die Monate mit den geringsten Sonnenstunden auch haloarm. Aber auch im Sommer zeigt sich ein Minimum.

In Europa beschäftigen sich mehrere Gruppen und viele Einzelbeobachter theoretisch und mit der Beobachtung von Halo-Erscheinungen, so in Finnland, Ungarn und Tschechien. In den Niederlanden und in Deutschland gibt es Halobeobachtergruppen, die kontinuierlich beobachten, auswerten und regelmäßig publizieren.

In Deutschland ist es die Gruppe der Halobeobachter im Arbeitskreis Meteore e. V. Im Jahre 1978 wurde ein Schlüssel zur Beobachtung und Klassifizierung von Halo-Erscheinungen entwickelt und damit die Grundlage für kontinuierliche Beobachtungen gelegt. Zu Beginn der 80er-Jahre beteiligten sich nur wenige Enthusiasten. Heute übermitteln ca. 25 Beobachter monatlich ihre Ergebnisse. Seit 1986 werden die Beobachtungen mit einem speziellen Eingabe- und Auswerteprogramm erfasst. Es umfasst zum Ende des Jahres 2014 Angaben zu ca. 155.000 einzelnen Halo-Erscheinungen. Mit dem Haloschlüssel sowie dem Programm HALO2.5 betrat der AKM Neuland. Am Zustandekommen dieser Reihe waren bisher ca. 65 Beobachter beteiligt. Es ist die längste und vor allem umfangreichste Halobeobachtungsreihe weltweit. Voraussetzung einer sinnvollen Auswertung ist die kontinuierliche Beobachtung. Die langjährigsten Beobachter im AKM können auf lückenlose Reihen seit 1953 bzw. 1961 verweisen. Diese beiden Reihen spiegeln das Halogeschehen in Oelsnitz/Erzgebirge und in Hagen im Ruhrgebiet wider und sind deshalb besonders wertvoll.

In der Reihe des AKM ab 1986 gibt es Jahre mit mehr und Jahre mit weniger Halos. Um die Beobachtungen vergleichen zu können, wurde ein Aktivitätsindex eingeführt. In die Formel gehen die Seltenheit der Haloarten, die Dauer und die Helligkeit der Erscheinung ein. Berücksichtigt werden nur Halos im Haupt- und Nebenbeobachtungsort und solche, die in Cirrus-Bewölkung entstanden sind. Damit sind sämtliche Daten vergleichbar, was eine objektivere Langzeitbewertung des Halogeschehens möglich macht. In den Werten der letzten 25 Jahre für Mitteleuropa ist eine gewisse Periodizität erkennbar. Über die Ursachen kann man nur spekulieren, eine versetzte Ähnlichkeit zur Kurve der Sonnenaktivität ist aber nicht von der Hand zu weisen. Im langjährigen Jahresverlauf zeichnet sich zudem im Frühjahr und im Herbst ein Maximum ab.

Im Haloschlüssel sind ca. 50 verschiedene Haloarten mit ihren Untertypen aufgeführt. Eine Auswertung der 150.000 Halo-Erscheinungen von 1986 bis 2014 ergab, dass 92,8% der Halos durch Sonnenlicht entstehen, 7% werden durch den Mond verursacht. An den helleren Planeten Venus und Jupiter wurden 25 obere oder untere Lichtsäulen beobachtet, die aber nur etwa 0,5° lang waren. Bei 251 Halo-Erscheinungen waren irdische Lichtquellen der Verursacher.

Die meisten Halos entstehen in Cirrus-Wolken unterschiedlicher Dichte (ca. 98%). Aber auch im Reif oder auf einer Schneedecke wurden 673 Halos beobachtet. Ebenso viele Sichtungen stammen aus Fallstreifen (Virga), meist aus Altocumulus. Die schönsten Halo-Erscheinungen und komplexesten Phänomene kann man aber im Eisnebel oder Polarschnee beobachten, bisher knapp über 1500 Erscheinungen.

Mit einem Anteil von ca. 35,8% aller Sonnenhalos tritt der 22°-Ring am häufigsten auf, mit je 17,5% folgen die beiden Nebensonnen zum 22°-Ring. Die dritthäufigste Haloart ist mit 11% der Komplex unterer/oberer Berührungsbogen bzw. der Umschriebene Halo. Die beiden Lichtsäulen ergeben zusammen 7,4% und der Zirkumzenitalbogen mit 5,7%. Über 1% liegen noch der Horizontalkreis (1,6%) und der Supralateralbogen mit dem häufig nicht unterscheidbaren 46°-Ring mit 1,4%. Der Parrybogen wurde 755-mal gesehen, die 120°-Nebensonnen folgen mit jeweils ca. 430 Beobachtungen. Auf über 100 Sichtungen kommen der Infralateralbogen (149) und die Untersonne (229). Alle anderen Haloarten wurden sehr viel weniger gesehen, zum Beispiel 9°-Ring 54-mal, 18°-Ring 47-mal, linke/rechte Unternebensonne 124-mal, Wegeners Gegensonnenbogen 33-mal, Sonnen- und Untersonnenbogen 19-mal/14-mal, Tapes Bogen 18-mal und der Moilanenbogen 11-mal. Aber es gibt auch noch nicht beobachtete Arten im Rahmen des Beobachtungsnetzes.

Ein besonderes Erlebnis ist das Auftreten von Halophänomenen. Darunter ist das gleichzeitige Erscheinen von mindestens fünf verschiedenen Haloarten zu verstehen.

Auf der Homepage des AKM sind fast alle Haloarten erklärt und es sind umfassende Informationen zu vielen anderen atmosphärischen Erscheinungen zu finden. Zudem gibt es ein umfangreiches Bildarchiv sowie Austauschforen zu allgemeinen atmosphärischen Erscheinungen, Polarlichtern und Meteoren.

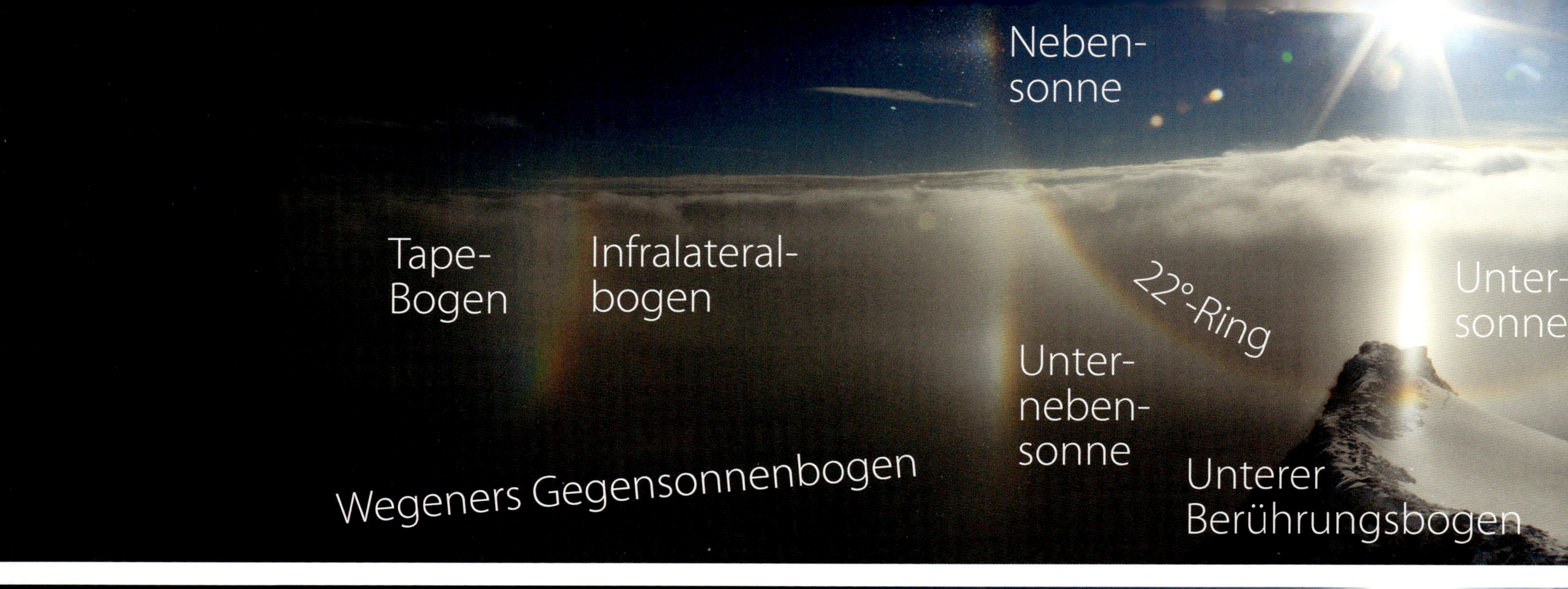
Neben-
sonne
Tape-
Bogen
Infralateral-
bogen
22°-Ring
Unter-
sonne
Unter-
neben-
sonne
Wegeners Gegensonnenbogen
Unterer
Berührungsbogen

SEITE184/185:

Halos unterhalb des Horizontes. Neben hellen Unternebensonnen sind auch die sich kreuzenden Infra- und Supralateralbögen sowie der Unterhorizontalkreis und die unteren Teile von Sonnenbogen und Wegeners Gegensonnenbogen zu sehen. Aufgenommen am Meteorologischen Observatorium auf dem hohen Sonnblick (3106m).

SEITE 186/187:

Umfangreiches Halophänomen am 27. November 2010 in Eisnebel auf dem 1200m hohen Sudelfeldsattel (Oberbayern), wo sich durch Lee-Effekte sehr oft die Wolken auflösen, indem sie in Eiskristalle zerfallen.

SEITE 188/189:

Umfangreiches Halophänomen am 30. Januar 2014 in Eisnebel im Fichtelberg-Keilberg-Gebiet (Erzgebirge). Die Wolken aus dem böhmischen Becken ziehen auf den ca. 1000m hohen Sattel hinauf und zerfallen dort in Eiskristalle. Aufgrund der Artenvielfalt und Seltenheit vieler Bögen gehört dieses Halophänomen zu den größten, die in Mitteleuropa beobachtet wurden.

Supralateralbogen
Parrybogen
Oberer Berührungsbogen
22°-Ring
Horizontalkreis
Tape-Bogen
Infralateralbogen
Unterer Berührungsbogen

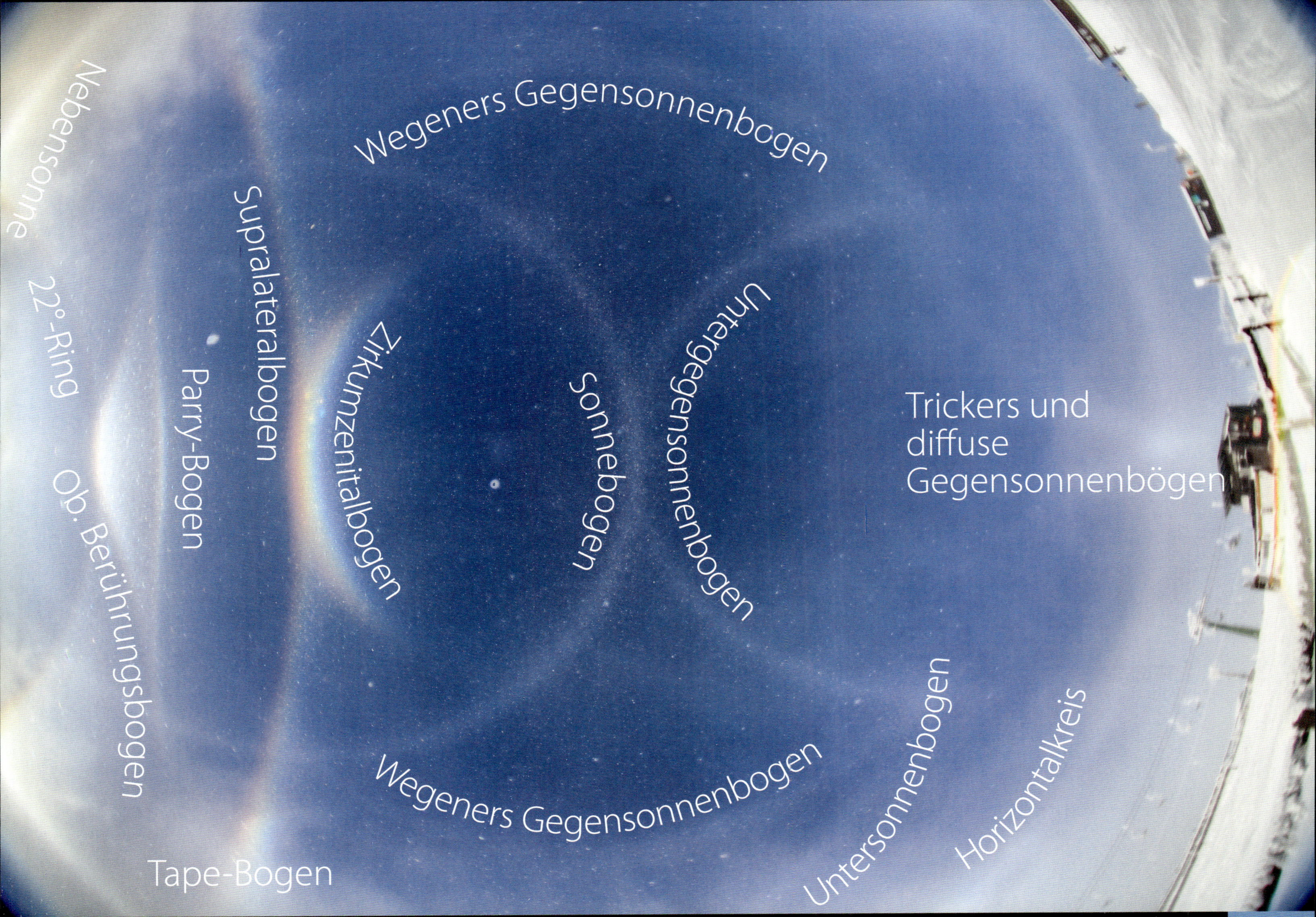

Wegeners Gegensonnenbogen

Nebensonne

22°-Ring

Supralateralbogen

Parry-Bogen

Ob. Berührungsbogen

Zirkumzenitalbogen

Sonnebogen

Untergegensonnenbogen

Trickers und
diffuse
Gegensonnenbögen

Wegeners Gegensonnenbogen

Tape-Bogen

Untersonnenbogen

Horizontalkreis

ERSCHEINUNGEN DER HÖHEREN ATMOSPHÄRE

Ein Großteil aller atmosphärischen Phänomene entsteht in der Troposphäre, der untersten Atmosphärenschicht, die bis in eine Höhe von ca. 15 Kilometern reicht. Aber auch höhere Bereiche zeigen interessante Erscheinungen. So bietet der arktische/antarktische Himmel in den Wintermonaten in der durch die Polarnacht abgekühlten Stratosphäre farbenfrohe Perlmutterwolken. Im Bereich der Mesopause können in den Sommermonaten bis in unsere Breiten Leuchtende Nachtwolken auftreten, und in der Ionosphäre ist das Polarlicht zu Hause.

POLARE STRATOSPHÄRISCHE WOLKEN

Polare Stratosphärische Wolken (engl. Polar Stratospheric Clouds, PSC) treten in der Stratosphäre in einer Höhe zwischen 20 und 25 Kilometern auf. Freigesetzte Schwefelsäure bildet Kondensationskerne, an denen bei sehr tiefen Temperaturen Eiskristalle aus Wasserdampf wachsen. Die pastellfarbig leuchtenden Farben entstehen durch Beugung des Sonnenlichts an den winzigen Eiskristallen. Aufgrund ihrer Höhe werden die Wolken noch angeleuchtet, wenn andere längst im Schatten liegen, und sind aufgrund des flachen Sonnengangs in den nördlichen Regionen bis zwei Stunden nach Sonnenuntergang zu sehen.

Die Polaren Stratosphärischen Wolken werden derzeit in drei verschiedene Typen untergliedert: Ab einer Temperatur von –78°C können durch Kondensation von Salpetersäure-Trinitrat-Partikeln (HNO3 3H2O) so genannte NAT-Wolken (Typ 1a), aus einer übersättigten Lösung von Schwefelsäure, Salpetersäure und Wasser so genannte STS-Wolken (engl. Supersaturated Ternary Solution) (Typ Ib) und ab ca. –86°C reine Wasserwolken (Typ II) entstehen. Diese eigentlichen Perlmutterwolken irisieren aufgrund ihrer typischen Partikelgrößen im Bereich der Wellenlänge des sichtbaren Lichts besonders farbig.

Die Voraussetzung für die Entstehung ist nur in den Wintermonaten gegeben und beschränkt sich normalerweise auf Gebiete wie Skandinavien, Island, Schottland, Sibirien, Nordamerika, Alaska oder die Antarktis. Das Vorkommen der tiefen Temperaturen hängt mit den extremen Bedingungen der Polargebiete zusammen, weil die Luftmassen über den Polen im Winter von den sonstigen globalen Luftströmungen völlig isoliert sind. Sobald die Sonne im Spätherbst für einige Monate hinter dem Horizont verschwindet, bildet sich rund um den Pol eine intensive Weströmung aus, der so genannte Polarwirbel. Dieser bildet eine ringförmige Strömung und behindert den Luftaustausch mit der restlichen Atmosphäre. Erst dadurch können die Stratosphärentemperaturen in diesem Bereich auf so tiefe Werte fallen. Die Polarwirbel sind besonders in der Antarktis ausgebildet, was mit den großen Landmassen am Südpol zusammenhängt. Die Wirbel über der Arktis und die damit verbundenen Vorgänge sind generell weniger stark ausgeprägt. Dennoch gibt es Jahre mit einem starken arktischen Polarwirbel und daraus resultierenden extremen Kältegebieten. In sehr selte-

Aufbau der Erdatmosphäre.

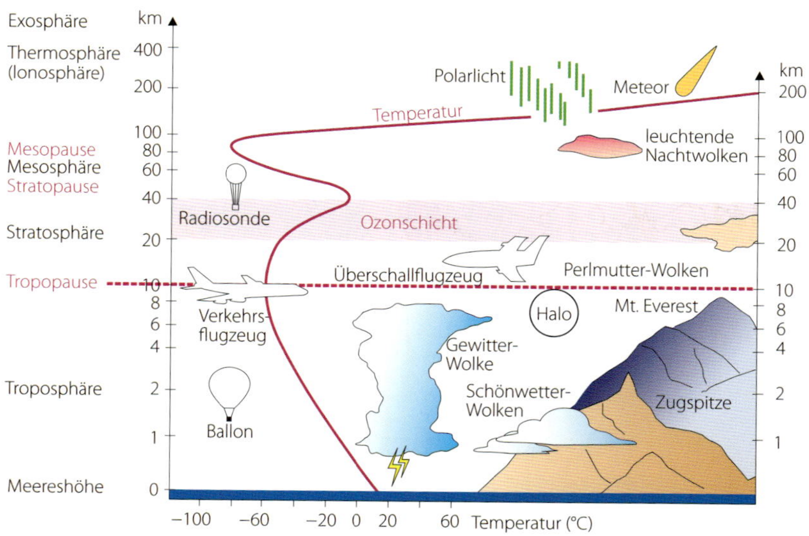

nen Fällen kann sich der Polarwirbel auch bis in den Bereich der Nordsee verlagern. Dann sind auch Polare Stratosphärische Wolken über Deutschland möglich.

Die bisher umfangreichsten Beobachtungen in Mitteleuropa erfolgten zwischen dem Abend des 17. und dem Morgen des 20. Februar 2008. Die Stratosphärentemperaturen lagen in diesem Zeitraum zwischen –91°C in Südnorwegen und der bisherigen Rekordtemperatur von –87,2°C über De Bilt, Niederlanden. Aus den Niederlanden und Südnorwegen liegen Beobachtungen deutlich föhnartiger, irisierender Wolken vor, welche auf reine Wassereiswolken (Typ II) hinweisen. In Deutschland wurden verbreitet schwach irisierende Wolkenstrukturen (Typ Ia und b), eine Verstärkung der Dämmerungsfarben, vor allem aber ungewöhnlich helles Purpurlicht beobachtet.

Leider sind Perlmutterwolken am Ozonabbau beteiligt, denn an den Oberflächen der Kristalle bilden sich durch chemische Prozesse Chlorradikale, die bei zunehmender Sonneneinstrahlung einen katalytischen Ozonabbau in Gang setzen. So schön Perlmutterwolken auch sein mögen, ein hohes Vorkommen ist für die Wissenschaftler eher besorgniserregend, da sie meist ein größeres Ozonloch im Frühjahr zur Folge haben.

LEUCHTENDE NACHTWOLKEN

Normale Wolken findet man in der Stratosphäre in einer maximalen Höhe von 15 Kilometern. Doch weiter oben, oberhalb der Mesosphäre in der 80 bis 85 Kilometer hohen Mesopause, treten manchmal in klaren Sommernächten auf der Nordhalbkugel zwischen Ende Mai und Anfang August silbrig schimmernde zart strukturierte Wolken auf. Diese Leuchtenden Nachtwolken (engl. Noctilucent clouds, NLC) werden aufgrund ihrer Höhe noch dann von der Sonne beschienen, wenn normale Wolken längst im Schatten liegen. Dabei lässt die Höhe der beobachteten Leuchtenden Nachtwolken einen Rückschluss auf die Entfernung des Wolkenfeldes zu.

Die Ursache der Leuchtenden Nachtwolken ist bis heute nicht zweifelsfrei geklärt, da aus dieser Höhe, die sowohl für Ballons als auch für Satelliten unzugänglich ist, kaum gesicherte Messungen vorliegen. In der Mesopause wird das absolute Temperaturminimum der Erdatmosphäre erreicht. Verglühende Meteore und anderer kosmischer Staub liefern die Kondensationskerne für die Bildung von Eiswolken. Der ebenso zur Wolkenbildung benötigte Wasserdampf wird vermutlich durch starke atmosphärische Turbulenzen aus der unteren Atmosphäre in die sehr kalte Mesopause transportiert, wo er dann bei Temperaturen unter –150°C an den Kondensationskernen festfriert und Eiskristalle bildet. Aber auch Raketenstarts werden als Wasserdampflieferanten diskutiert.

Die Leuchtenden Nachtwolken wurden erstmals 1885 zwei Jahre nach dem Ausbruch des Krakatau beschrieben. Bis 1889 wurden mehrere, in den Folgejahren noch vereinzelte Beobachtungen überliefert. Dies lässt den Rückschluss zu, dass auch hoch reichende Vulkanausbrüche zu einer erhöhten Häufigkeit von Leuchtenden Nachtwolken führen. Allerdings ist es unter Wissenschaftlern umstritten, ob Vulkan-Aerosole wirklich in mesosphärische Höhen gelangen können. Die häufigeren Beobachtungen dieser Erscheinung könnten auch durch eine höhere Aufmerksamkeit hervorgerufen worden sein, denn dem Krakatau-Ausbruch folgten auch noch Jahre danach intensive Dämmerungsfarben.

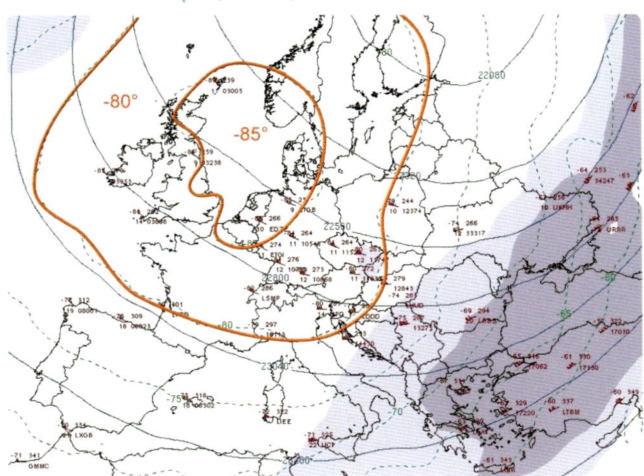

Verteilung der Temperaturen in der Stratosphäre (links) und Beobachtungen von Polaren Stratosphärischen Wolken über Mitteleuropa (rechts) der bisher südlichsten Erscheinung vom 17. bis 20. Februar 2008.

Ältere Lehrbücher gehen häufig davon aus, dass Leuchtende Nachtwolken in Deutschland sehr selten sind und maximal bis zu einer südlichen geografischen Breite von 50° auftreten. Seit den 1960er-Jahren werden Leuchtende Nachtwolken kontinuierlich beobachtet, anfangs hauptsächlich durch die regionalen Wetterdienste und Sternwarten, seit den 1990er-Jahre auch durch Amateur-Beobachtergruppen. Die so gesammelten Beobachtungsergebnisse revidieren ältere Angaben: Nicht selten werden Leuchtende Nachtwolken bis Süddeutschland beobachtet, selbst aus Rumänien (45° n. Br.) liegen inzwischen Beobachtungen vor.

Offensichtlich sind die aus Wassereis bestehenden Wolken in dieser großen Höhe immer häufiger, heller und südlicher zu sehen. Zum einen könnte die Zunahme von Methan und CO2 verantwortlich sein, weil dadurch die Temperatur in der Mesopause häufiger tief genug sinken könnte, um Leuchtende Nachtwolken entstehen zu lassen. Da Methan durch Sauerstoff zu Wasser oxidiert wird, könnte die Luftfeuchtigkeit im Bereich der Mesopause ebenfalls zugenommen haben und eine Bildung Leuchtender Nachtwolken begünstigen.

Höhe der Leuchtenden Nachtwolken und ihre Entfernung	
NLC-Höhe über dem Horizont	**Entfernung bezogen auf Höhe ü. NN (gerundet)**
0° (Horizont)	1020km
2°	820km
4°	670km
6°	550km
8°	460km
10°	400km
15°	280km
20°	220km
25°	170km
30°	140km
45°	80km
60°	50km
75°	20km

Leuchtende Nachtwolken werden noch beleuchtet, wenn tiefere Wolken längst im Schatten liegen.

Überdies zeigt sich langfristig eine ca. drei Jahre verzögerte Anti-Korrelation mit der Sonnenaktivität. Dänische Wissenschaftler haben herausgefunden, dass im Zeitraum des Sonnenfleckenminimums aufgrund des schwachen Sonnenwindes mehr kosmische Teilchen in die Erdatmosphäre eindringen können, die als Kondensationskeime fungieren und somit zu einer erhöhten Wolkenbildung führen.

Allerdings gestaltet sich eine echte Häufigkeitsbestimmung Leuchtender Nachtwolken sehr schwierig. Durch Warnlisten und Webcams informiert, suchen immer mehr Beobachter den Himmel intensiv nach Leuchtenden Nachtwolken ab. Auch moderne Radar- und Lidarsysteme empfangen Reflexionen aus dem Bereich der Mesosphäre und erhöhen bei massiven Echos die Aufmerksamkeit der Beobachter zusätzlich. Die immer empfindlicher werdenden Kameras dienen zudem häufig als Entscheidungshilfe. Nicht selten werden Leuchtende Nachtwolken nur fotografisch festgehalten, da sie so schwach sind, dass sie durch das menschliche Auge kaum noch gesehen werden können. Seit ca. 10 Jahren ist es möglich, Fotos sofort zu veröffentlichen, während ältere Aufnahmen oft unbeachtet bleiben. Zudem helfen Austauschportale im Internet, alle Beobachtungen zeitnah zu sammeln und auszuwerten. Ältere Sichtungen wurden dagegen nur sporadisch publiziert. Insofern bleibt die Frage offen, ob die heutigen Datenreihen überhaupt mit den früheren vergleichbar sind.

Eiskristalle in Polaren Stratosphärischen Wolken und Leuchtenden Nachtwolken sind übrigens deutlich kleiner als Lichtwellenlängen und erzeugen somit keine Halo-Erscheinungen.

BEOBACHTUNG UND FOTOGRAFIE

In mitteleuropäischen Breiten treten Leuchtende Nachtwolken am ehesten in den Monaten Juni und Juli auf, wobei der statistische Höhepunkt in der letzten Junidekade erreicht wird. In der zweiten Nachthälfte sind sie zudem häufiger zu sehen. Die Häufigkeit nimmt nach Süden hin stark ab: Können im Norden von Deutschland noch in ca. 15–20 Nächten Leuchtende Nachtwolken beobachtet werden, gibt es auf geografischer Breite der Nordalpen kaum mehr als fünf Ereignisse pro Saison.

Der ideale Beobachtungsstandort sollte sehr dunkel sein und einen freien Blick nach Norden bieten. Für die Beobachtung eignet sich am besten klares, wolkenloses Wetter. Sind gleichzeitig hohe Wolken vorhanden, wird es nicht immer einfach, die durch Reststreulicht beleuchteten Cirren von Leuchtenden Nachtwolken zu unterscheiden. Deshalb empfiehlt es sich, schon in der Dämmerung das Aussehen und die Zugrichtung hoher Wolken zu beobachten, um später eingelagerte Nachtwolken dennoch erkennen zu können. Ein Fernglas eignet sich ebenfalls zur Bestimmung, denn Leuchtende Nachtwolken weisen in den meisten Fällen charakteristische, zarte Strukturen auf.

Bei einer Sonnentiefe von –8° bis –16°, das entspricht in Süddeutschland etwa 90min bis 120min vor Sonnenaufgang beziehungsweise nach Sonnenuntergang, sollte man den Nordost- bis Nordwesthorizont mit dem Feldstecher bzw. einem Teleskop absuchen und verdächtige Strukturen fotografisch dokumentieren. In Norddeutschland können Leuchtende Nachtwolken in der gesamten Nacht auftreten, da die astronomische Dämmerung nicht mehr erreicht wird. Dort sind sie nicht selten bis in Zenithöhe hell und auffällig zu sehen.

Für die Fotografie eignet sich am besten eine Kamera, mit welcher eine manuelle Einstellung der ISO-Empfindlichkeit und längere Belichtungszeiten möglich sind. Auch ein Stativ ist unentbehrlich. Die Belichtung hängt vom Fortschreiten der Dämmerung ab und kann zwischen einer und mehreren Minuten liegen. Besonders beim Einsatz eines Teleobjektivs für das Herausvergrößern der Strukturen sollte ein höherer ISO-Wert und eine kürzere Belichtung gewählt werden, um das Verwischen der Strukturen zu vermeiden. Bei Einsatz eines Weitwinkelobjektivs sind bei geringerem ISO-Wert län-

BESCHREIBUNGSSCHLÜSSEL FÜR LEUCHTENDE NACHTWOLKEN

Für eine wissenschaftliche Dokumentation sollte Folgendes bei einer Beobachtung festgehalten werden:

- Richtung: Azimut der Gesamterscheinung (Nord: 0°, Ost: 90°, Süd: 180°, West: 270°)
- Höhe: Höhe des obersten Teils der Wolke. Gegebenenfalls auch Angaben zu auffälligen (hellen) Details
- Helligkeit in einer fünfstufigen Skala:
  1) sehr schwach, Wolke kaum sichtbar
  2) Wolke eindeutig erkennbar, aber geringe Helligkeit
  3) Wolke eindeutig sichtbar, sich klar gegen den Dämmerungshimmel abhebend
  4) Wolke sehr hell, erregt die Aufmerksamkeit von Zufallsbeobachtern
  5) extrem hell, beleuchtet Gegenstände merklich
- Formen in vier Grundtypen mit Untergruppen sowie Klassen für komplexe Strukturen:
  Typ I: Schleier: strukturloser Vorhang, manchmal Hintergrund für komplexere Typen.
  Typ II: Streifen: Bänder oder Streifen, die parallel oder nur wenig gegeneinander geneigt sind, mit diffusen, verwaschenen Kanten (Typ IIa) oder mit scharfen Kanten (Typ IIb).
  Typ III: Wellen: fischgrätenartige Muster wie etwa Sandrippen im flachen Wasser, mit kurzen, geraden, schmalen »Strichen« (Typ IIIa) oder Wellenstrukturen mit mehreren Wellen (Typ IIIb).
  Typ IV: Wirbel: Bögen oder verschlungene Strukturen mit kleinem Radius (0,1°–0,5°, Typ IVa), einfache Bögen mit Radius 3°–5° (Typ IVb) oder großskalige Wirbel (Typ IVc).
  Typ O: Formen, die sich nicht in die Typen I bis IV einordnen lassen
  Typ S: Wolken mit hellen Knoten
  Typ P: Wellen, die ein Band kreuzen
  Typ V: netzartige Struktur

Zusätzlich sollten die Beobachtungsbedingungen notiert werden, insbesondere gleichzeitig auftretende normale Wolken oder Dunst. Auch sichere Negativ-Beobachtungen sind wertvoll! Die Weitermeldung erfolgt über ein Online-Formular auf der Webseite des Arbeitskreises Meteore. Dort kann man sich zudem in eine Warnliste eintragen, um per Handy informiert zu werden, wenn in Deutschland Leuchtende Nachtwolken auftreten. Auch über das Diskussionsforum kann man sich über aufgetretene Sichtungen informieren.

Emissionslinien des Airglow		
Höhe	**Wellenbereich**	**Emissionspartikel**
86–87km	Rotes und Infrarotes Licht (650–700nm)	Hydroxyl-Radikal (OH-Radikal)
90–100km	Grünes Licht (558nm)	Atomarer Sauerstoff (O)
92km	Gelbes Licht (ca. 590nm)	Gasförmiges Natriumbicarbonat (Na_2CO_3)
95km	Blaues Licht (ca. 440nm)	Molekularer Sauerstoff (O_2)
150–600km	Rotes Licht (630nm)	Molekularer Sauerstoff (O_2)

gere Belichtungszeiten möglich. Neben unterschiedlichen Belichtungsreihen ist die Erstellung eines Zeitraffers sehr lohnend, da sich die Wolken ziemlich schnell verlagern und die Strukturen sich verändern.

AIRGLOW

Airglow – das Leuchten unserer Lufthülle – ist hauptsächlich von Weltraum-Aufnahmen unserer Erde bekannt, obwohl es sich um den relativ größten Beitrag zur diffusen Helligkeit des Nachthimmels handelt. Es hüllt die Atmosphäre unseres Planeten wie eine leuchtende Blase ein. Von der Erde aus können hochempfindliche Kameras das Nachthimmelsleuchten in meist grünen, manchmal aber auch rötlichen oder gelblichen Farben fotografisch nachweisen. Dem menschlichen Auge bietet sich allenfalls der Eindruck eines milchig-weißen Glanzes, da die geringe Helligkeit weit unterhalb der Farbwahrnehmung unseres Auges liegt.

Unsere Atmosphäre wird wie eine Blase von einer grünen Emissionslinie eingehüllt, was erst aus dem Weltraum sichtbar wird. Diese Aufnahme stammt von der ISS.

Im Gegensatz zum Polarlicht ist Airglow auf der ganzen Welt sichtbar. Es verläuft in Bändern über den gesamten Nachthimmel, welche wie Crepuscularstrahlen scheinbar in zwei gegenüberliegenden Punkten zusammenlaufen. Eigentlich sind die Bänder parallel, nur der perspektivische Effekt lässt sie konvergieren. Die größte Helligkeit erreicht das Airglow etwa 10°–15° über dem Horizont.

Das Airglow-Phänomen wurde erstmalig 1868 vom schwedischen Wissenschaftler Anders Ångström entdeckt. 1923 konnte aufgrund von Laboruntersuchungen das grüne Leuchten als Emissionslinie atomaren Sauerstoffs in circa 100km Höhe identifiziert werden. In den Folgejahren kamen die Erkenntnisse hinzu, dass auch in anderen Höhen verschiedene chemische Reaktionen stattfinden, deren elektromagnetische Energie Licht unterschiedlicher Wellenlänge emittiert. So entstehen verschiedenfarbige Emisionslinien in unterschiedlichen Höhen. Die deutlichste, faktisch permanent aufgehellte Schicht befindet sich im unteren Bereich der Thermosphäre in einer Höhe von 90–100km, wo die am Tag durch UV-Strahlung zerlegten Sauerstoffmoleküle bei ihrer nächtlichen Rekombination durch komplizierte Reaktionen ihre überschüssige Energie emittieren.

Die zweite Hauptschicht befindet sich in der oberen Ionosphäre in einer Höhe von 150–300km, in der durch Ionisierung der Ultraviolettstrahlung der Sonne das Airglow sehr variabel auftreten kann. Es läuft in drei Zonen um die Erde: die Tropische Zone, die etwa 20° beiderseitig des Äquators verläuft, die Airglowzone mittlerer Breiten mit einem Verlauf um 50°–60° nördlicher und südlicher Breite und die schmale Polarlichtzone in etwa 20° Abstand um die beiden geomagnetischen Pole.

Die Airglowzone mittlerer Breiten, die auch über Mitteleuropa verläuft, stellt eine Besonderheit dar, denn hier tritt Airglow in Form von mehreren 100km breiten und vielen 1000km langen Streifen in etwa 400km Höhe auf. Diese Bänder entstehen vor allem in Zeiten hoher geomagnetischer Aktivität. Ein Grund könnte die höhere UV-Strahlung in Zeiten des Sonnenaktivitätsmaximums sein.

Aufgrund unterschiedlicher Sonneneinstrahlung bilden sich in den Airglowzonen sogenannte Schwerewellen (gravity waves), welche die Bänder im Tages- und Nachtverlauf gezeitenähnlich verschieben. Das erklärt auch die Bewegung der grünen Bänder, die einige Beobachter registriert haben.

1950 veröffentlichte Christian Thomas Elvey eine Studie über seine Beobachtungen und führte die Erscheinung als Airglow in die Literatur ein. Aber auch aus Deutschland gibt es eine 30-jährige Untersuchung über die Auswirkung und

Stärke des Nachthimmelsleuchtens, die C. Hoffmeister von 1928 bis 1958 an der Sternwarte in Sonneberg durchführte. Aus den Auswertungen resultiert ein periodischer Jahresverlauf, welcher von November bis Januar sein Maximum findet, aber auch ein zweites Nebenmaximum im Juli und August aufweist. Diese Häufigkeitsverteilung wird von Beobachtungen bestätigt, die Stefan Krause zusammengetragen hat und die ebenfalls ausschließlich in das zeitliche Schema der beiden Maxima passen. Am wahrscheinlichsten ist, dass das Wintermaximum durch den klareren Winterhimmel und die dadurch besseren Beobachtungsbedingungen zustande kommt. Die höhere Sommerhäufigkeit entsteht wahrscheinlich dadurch, dass es in diesen beiden Monaten im Norden kaum mehr dunkel wird und dadurch Teile der höheren Atmosphäre gestreutes Sonnenlicht erhalten und das Airglow verstärken.

POLARLICHTER

Polarlichter erscheinen vor allem in hohen nördlichen und südlichen Breiten. Doch auch in Mitteleuropa kann man manchmal Polarlicht meist in Form von rötlichem Leuchten am Himmel beobachten. Dies liegt daran, dass in mittleren Breitengraden die Magnetfeldlinien flacher verlaufen und die geladenen Teilchen des Sonnenwindes nicht so tief in die Atmosphäre eindringen können. Insofern sieht man in mittleren Breiten nur das rote Licht, welches durch Ionisation von Sauerstoffatomen in ca. 200km Höhe entsteht Allenfalls am Nordhorizont sind grüne Bögen erkennbar, die von angeregtem Sauerstoff in ca. 100km Höhe herrühren. Diese dominieren den Anblick in Skandinavien. Polarlichter entstehen durch geladene Teilchen, die von der Sonne in Richtung Erde emitt ert werden, den so genannten Sonnenwind. Normalerweise erreicht dieser Teilchenstrom bei einer Geschwindigkeit von ca. 400km/s innerhalb von zwei bis drei Tagen die Erde. Dort trifft er auf das Erdmagnetfeld, das uns in unseren Breitengraden vor diesem Teilchenbeschuss schützt. Ein Teil des Sonnenwindes wird jedoch entlang der Feldlinien des irdischen Magnetfeldes zu den Polarregionen geleitet und trifft dort in über 100 Kilometern Höhe auf die äußeren Schichten der Atmosphäre. Ähnlich dem Gas in einer Leuchtstoffröhre werden die dort vorhandenen Gasatome zum Leuchten angeregt. Bei Sonneneruptionen werden größere Teilchenmengen mit bis zu 2500km/s ins All geschleudert. Erfolgt mitunter ein solcher Koronaler Massenauswurf in Richtung Erde, erreicht uns diese Schockfront schon nach wenigen Stunden. Aus diesem Grund ist eine längerfristige Vorhersage von Polarlicht auch kaum möglich. Zusätzlich bewegen sich die Teilchen eines solchen Auswurfs in einem interplanetaren Magnetfeld. Dieses von der Sonne ausgehende Magnetfeld breitet sich bis zum Rand des Sonnensystems aus. Im Bereich der Erde führen die Teilchen meist zu einem geomagnetischen Sturm, der Störungen im »Schutzmantel« der Erde verursachen kann. Dadurch können die geladenen Teilchen auch in geringeren Breiten die Atmosphäre erreichen und dort Sauerstoff oder Stickstoff zum Emittieren anregen. Unter diesen günstigen Bedingungen können Polarlichter auch über Mitteleuropa beobachtet werden. Leider sind große Masseauswürfe auf der Sonne, besonders Richtung Erde, nicht häufig. Am ehesten treten diese in der Maximumsphase des Sonnenfleckenzyklus auf. Ein ausführliches Buch zum Thema Polarlichter gibt es in gleicher Buchreihe: »Polarlichter – Feuerwerk am Himmel« von Andreas Pfoser und Tom Eklund.

Wenn nach einer Sonneneruption Teilchen des Sonnenwindes in das Magnetfeld der Erde eintreten, kann Polarlicht entstehen.

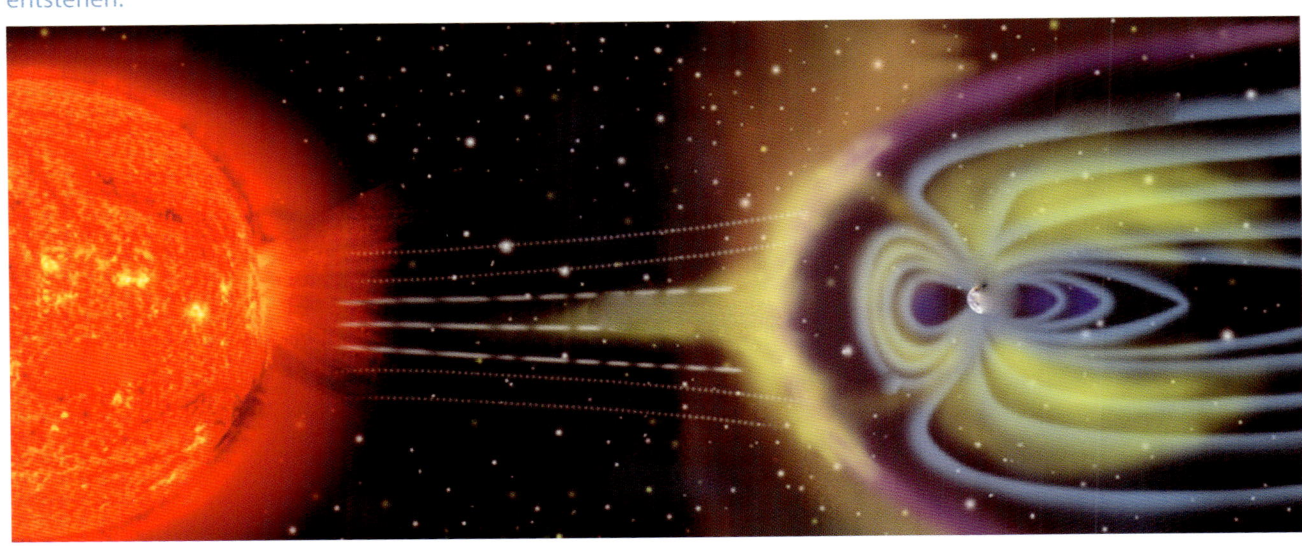

SEITE 196/197:

Polare Stratosphärische Wolken des Typs I. Diese wolkenartigen, nur leicht irisierenden Felder besitzen häufig eine große Ausdehnung.

SEITE 198:

Sehr farbige Perlmutterwolke über Island.

SEITE 199:

Polare Stratosphärische Wolke aus Wassereis (Typ II). Charakteristisch für diesen Typ ist das intensive Irisieren.

SEITE 200 OBEN:

Zarte Leuchtende Nachtwolken am Nordhorizont. Die zarten Strukturen, die sich vor allem beim Blick durch ein Fernglas offenbaren, unterscheiden sie von normalen Cirren.

SEITE 200 UNTEN:

Leuchtende Nachtwolken am Nordhorizont. Aufgenommen über Süddeutschland auf dem 47. Breitengrad.

SEITE 201:

Airglow am 23.7. 2012 über Bad Mergentheim.

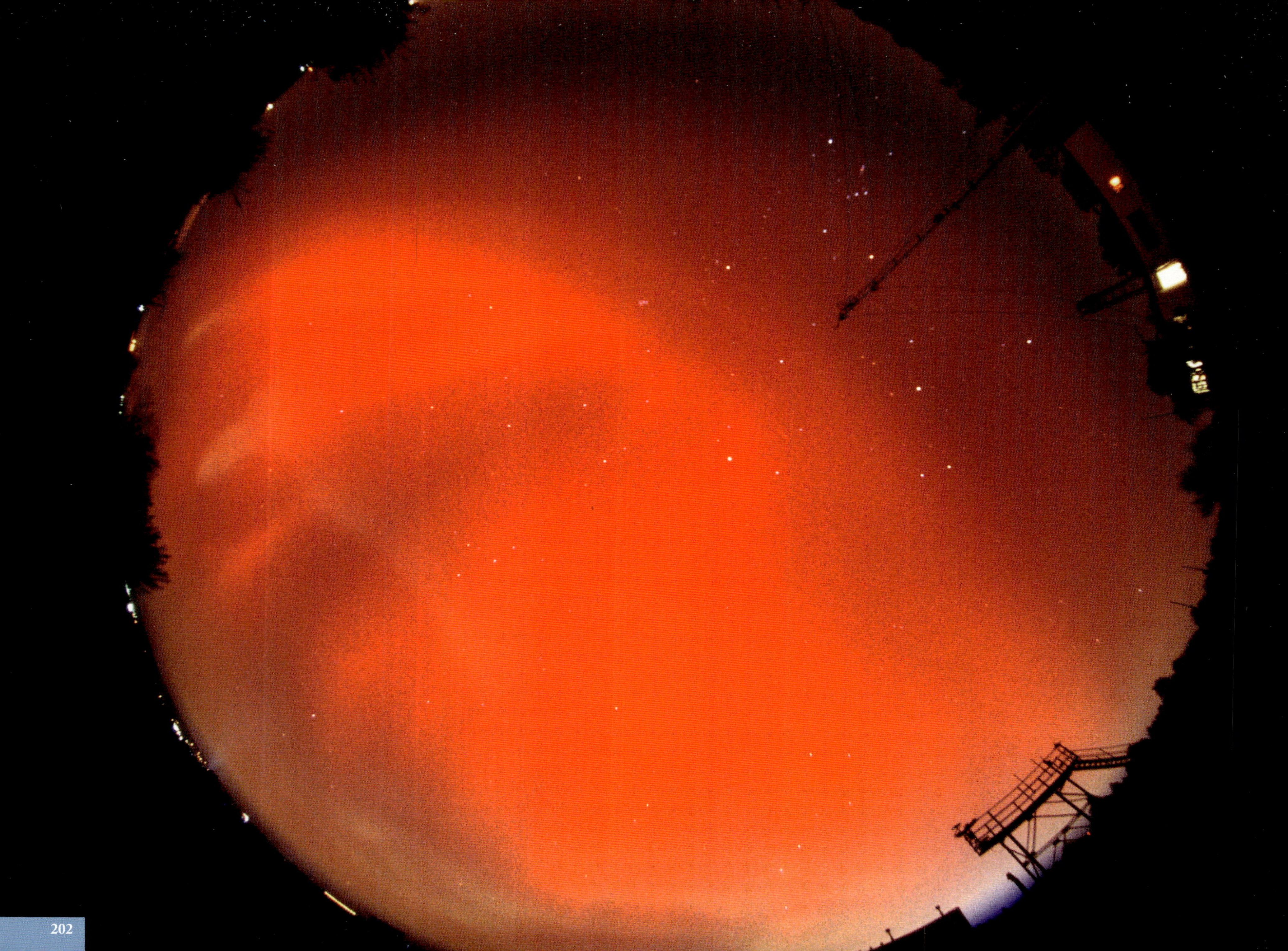

SEITE 202:

Eines der letzten großen Polarlichtereignisse über Mitteleuropa gab es am 31.10.2003. Selbst über der Mitte Deutschlands, wie hier in Chemnitz, leuchtete der gesamte Himmel rot.

SEITE 203:

Fotografisches Polarlicht am 18.3.2015 über dem Erzgebirge. Da die Kamera vor allem nachts viel lichtempfindlicher ist als unser menschliches Auge, sieht sie auch Polarlicht, welches dem Beobachter verborgen bleibt.

SEITE 204/205:

Leuchtende Nachtwolken können unterschiedliche Strukturen annehmen, von parallelen Linien über feine Rippen und Wirbel bis hin zu großen Wellen.

ANHANG

GLOSSAR

Aerosol: In der Atmosphäre feste, flüssige oder gasförmige Schwebeteilchen. Aufgrund der Austausch- und Mischungsprozesse in der Atmosphäre sind Aerosole praktisch in der gesamten → ***Troposphäre*** enthalten und wirken bei der Wolkenbildung als → ***Kondensationskerne***. Zu den atmosphärischen Aerosolteilchen zählen zum Beispiel Pollen, Sporen, Staub, Seesalz, Rauch und Asche. Durch Vulkanausbrüche werden Aerosole auch bis in die Stratosphäre transportiert.

Altocumulus: (aus dem Lat. altus = hoch, cumulus = Haufen) Mittelhohe Haufenwolke; tritt meistens in 2000 bis 7000 Metern Höhe als großes Feld auf, das aus vielen kleinen einzelnen Wolken besteht. Diese Wolken sind vorwiegend weiß und haben meist geschichtete graue Flecken, Felder, Ballen oder Walzen. Sie besteht fast ausschließlich aus Wassertröpfchen, nur bei niedrigen Temperaturen können Eiskristalle auftreten, die dann meist als virga ausfallen.

Altostratus: (aus dem Lat. altus = hoch, stratum = Schicht, Decke) Graue, mittelhohe Schichtwolke ohne Konturen in 2000 und 7000 Metern Höhe. Sie besteht sowohl aus Eiskristallen als auch aus Wassertröpfchen und führt oft zu anhaltenden Niederschlägen.

Astronomischer Horizont: → ***Geometrischer Horizont.***

Böhmischer Wind: Böiger, kalter Fallwind, der Kälte aus dem Böhmischen Becken über die Pässe und Kämme der umliegenden Gebirge führt.

Chappuis-Absorption: Nach James Chappuis benannte Absorption, der im Jahr 1880 als erster Forscher die Blaufärbung des Dämmerungshimmels auf das Ozon zurückführte. Die Ozonschicht absorbiert einen kleinen Teil des Sonnenlichts im Spektralbereich des sichtbaren Lichts. Die Chappuis-Absorptionsbanden liegen in einem Wellenlängenbereich zwischen 400nm und 650nm. (→ ***Ozonschicht***)

Cirrocumulus: (aus dem Lat. cirrus = Federbüschel und cumulus = Haufen) Hohe Haufenwolken in 6000 bis 10000 Metern Höhe; auch als hohe Schäfchenwolken bekannt. Tritt meistens in mehr oder weniger ausgedehnten Feldern auf, die aus kleinen, körnigen Wolkenteilen bestehen; selten auch kleine zerfetzte Büschel. Besteht fast ausschließlich aus Eiskristallen; stark unterkühlte Wassertropfen gefrieren meistens.

Cirrostratus: (aus dem Lat. cirrus = Federbüschel, stratum = Schicht, Decke) Hohe Schichtwolke in 8000 bis 12000 Meter Höhe. Tritt entweder als faseriger Schleier, in dem dünne Streifenbildung vorhanden sein kann, oder als schleierartiger Nebel auf. Besteht hauptsächlich aus kleinen Eiskristallen und erzeugt oft Haloerscheinungen.

Cirrus: (aus dem Lat. Cirrus = Federbüschel) Hohe Wolke in 8000 bis 12000 Metern Höhe aus dünnen Fasern oder Fäden, selten auch Büschel; Ränder meist durch die Höhenwinde ausgefranst. Besteht hauptsächlich aus kleinen Eiskristallen und erzeugt oft Haloerscheinungen.

Cumulonimbus: (aus dem Lat. cumulus = Haufen; nimbus = Regenwolke) Tiefe Haufenwolke mit maximaler vertikaler Ausdehnung, d. h. sie reicht im voll ausgebildeten Stadium mit ihrer vereisten Obergrenze in Mitteleuropa je nach Jahreszeit bis in eine Höhe von 7 bis 13 Kilometern und in tropischen Regionen bis 18 Kilometer Höhe. Sie besteht aus Wassertröpfchen und Eiskristallen.

Cumulus: (aus dem Lat. cumulus = Haufen) Tiefe, scharf voneinander abgegrenzte Haufenwolke in bis zu 2000m Höhe, die sich ständig verändert. Besteht fast ausschließlich aus Wassertröpfchen, nur bei niedrigen Temperaturen können Eiskristalle auftreten.

Diamantenstaub, -schnee oder Diamond Dust: Feinste Eisnadeln, die bei meist wolkenlosem bis heiterem Himmel überwiegend bei strenger Kälte und Windstille langsam zur Erde schweben. Da der Sättigungsdampfdruck über Eis geringer ist als über Wasser, tritt Eissättigung bereits bei geringeren absoluten Feuchten auf und begünstigt bei sehr tiefen Temperaturen die Bildung der Eisteilchen an Kondensationskernen. Erzeugen oft Haloerscheinungen.

Dispersion: In der Optik die von der Frequenz des Lichts abhängende Ausbreitungsgeschwindigkeit des Lichts in Medien. Dies hat zur Folge, dass Sonnenlicht an den Flächen eines Prismas unterschiedlich stark gebrochen wird. Auf der anderen Seite des Prismas zeigt sich ein farbiges Spektrum.

Divergentes Licht: Lichtstrahlen, die einen gemeinsamen Anfangspunkt haben, jedoch in unterschiedliche Richtungen ausgestrahlt werden. Das ist häufig bei irdischen Lichtquellen wie zum Beispiel bei Scheinwerfern oder Straßenlampen der Fall. Das Licht erzeugt im dreidimensionalen Raum ein spindelförmiges Lichtfeld, in dem optische Erscheinungen häufig ein anderes Aussehen haben als im parallelen Sonnenlicht.

Eiskristall: Kristalle aus sechseckigen Plättchen oder Säulen, die bei Temperaturen unter 0°C entstehen, wenn Wassermoleküle an einem Kondensationskern festfrieren. Form und Größe hängen von der Lufttemperatur und der Luftfeuchte ab.

Eisnebel: Eisnebel kann sich an einer Grenzschicht zwischen kalter und warmer Luft bilden. Das kann zum Beispiel über Wasser oder an der Wolkenobergrenze einer Inversionsschicht der Fall sein. Der Wasserdampf verdunstet und die sehr kalte Luft sublimiert an → ***Kondensationskernen*** zu Eiskristallen. Ist die Konzentration der in der Luft schwebenden Eispartikel sehr hoch, kann die Sichtweite bis in den Nebelbereich, also unter 1000 Meter herabgesetzt werden.

Emission: Aussendung von Wellen- oder Teilchenstrahlung durch Atome, Moleküle, Ionen, Flüssigkeiten oder Festkörper. Ein Beispiel ist die Lichtemission von angeregten Atomen oder Molekülen, die durch Sonnenmaterie in unserer Atmosphäre Polarlichter erzeugen.

Erdatmosphäre: Lufthülle unserer Erde. Die bodennahen Schichten (→ ***Troposphäre***, → ***Stratosphäre***, → ***Mesosphäre***) bis in etwa 90km bestehen im Wesentlichen aus 78,084% Stickstoff (N_2), 20,946% Sauerstoff (O_2) und 0,934% Argon (Ar), dazu Aerosole und Spurengase wie Kohlendioxid (CO_2) mit zurzeit 0,04%, Methan (CH_4), Ozon (O_3), Fluorchlorkohlenwasserstoffe, Schwefeldioxid (SO_2) und Stickstoffverbindungen. Die oberen Schichten (→ ***Ionosphäre***, → ***Thermosphäre***) bestehen aus sehr dünnem Gas, in das die hochenergetische Strahlung der Sonne eindringt und Moleküle ionisiert.

Erdschatten: Schatten des gekrümmten Erdrandes, den die Sonne bei ihrem Untergang/Aufgang in den gegenüberliegenden Dämmerungshimmel projiziert. Die graublaue Farbe des Bogens wird durch die so genannte → ***Chappuis-Absorption*** des Ozons erzeugt. Am deutlichsten ist der Erdschatten von erhöhten Standorten aus sichtbar, da man auf Bergen häufig oberhalb der Dunstschicht ist und sich zudem aufgrund des tiefer liegenden Horizontes der graublaue Bogen bereits vor Sonnenuntergang/Aufgang am Westhorizont/Osthorizont abzeichnet.

Fallstreifen: Als Fallstreifen (auch Virga genannt) wird Niederschlag bezeichnet, der sich als schleier- oder streifenartig herabfallende Schleppe an den Unterseiten von Wolken zeigt, den Erdboden jedoch nicht erreicht, da er vorher verdunstet.

Föhn: Warmer, trockener und häufig stark böiger Fallwind auf der Nord- oder Südseite von Gebirgen. Dabei tritt der Föhn immer leeseitig auf. Im Luv dagegen herrscht Staubewölkung mit lang anhaltenden Stauniederschlägen.

Föhnwolke: Auch Lenticularis genannt. Entsteht, wenn Luft das Gebirge anströmt und deswegen angehoben wird. Dieser Prozess setzt sich auch in höheren Schichten fort. Die Berge wirken wie eine Barriere. Die anströmende Luft steigt dabei auf und sinkt nachfolgend wieder ab. Es bildet sich eine so genannte stehende Leewelle. Steigt die Luft im Wellenberg auf, kühlt sie sich ab, das darin enthaltene Wasser kondensiert und es bilden sich Wolken. Anschließend sinkt sie wieder ab und erwärmt sich. Dabei verdunstet das Wasser und die Wolken lösen sich an dieser Stelle wieder auf. Die Luft weht also durch diese linsenartigen Wolken hindurch. Während sich die Wolken am windzugewandten Ende dauernd erneuern, lösen sie sich am windabgewandten Ende ständig auf. Oft sehen diese Wolken wie Fische aus und werden dann auch als Föhnfische bezeichnet.

Gegensonnenpunkt: Punkt am Himmel, der sich der Sonne gegenüber auf gleicher Höhe befindet. Dort ist bei entsprechenden Bedingungen die Haloerscheinung der Gegensonne zu finden.

Geografischer Horizont: Scheinbare Horizontlinie, die den sichtbaren Teil des Himmels vom geografischen Vordergrund trennt. Diese kann je nach Landschaftsform stark vom → ***geometrischen Horizont*** abweichen.

Geometrischer Horizont: Schnittlinie der Himmelskugel mit jener Ebene, die im Beobachtungsort rechtwinklig zur Lotrichtung steht. Letztere ist aber nicht die Richtung vom Beobachter zum Erdmittelpunkt, sondern weicht davon wegen Erdabplattung und Lotabweichung um bis zu 0,2° ab. Der Geometrische Horizont ist Grundlage bei der Berechnung der Sonnenhöhe.

Interferenz: Überlagerung von Wellen und die dadurch verbundenen Effekte durch Verstärkung und Auslöschung. Ob die Überlagerung zweier Wellen zu Abschwächung oder Verstärkung führt, hängt daher davon ab, wie weit die Wellenzüge gegeneinander verschoben sind – diese Verschiebung nennt man Gangunterschied oder Phasenunterschied. Interferenz tritt nicht nur bei Lichtwellen auf, sondern bei allen Wellen, so auch Wasser- oder Schallwellen.

Inversion: Bezeichnung für Temperaturumkehr. Dabei wird es mit zunehmender Höhe wärmer statt kälter. Besonders stark ist die Temperaturzunahme an der Obergrenze einer Inversion, wo kalte, feuchte und schwere an warme, trockene und leichte Luft grenzt. Inversionen wirken dann wie Sperrschichten und gelten demnach als nahezu undurchdringlich. Sie stellen oft die Obergrenze von Wolken-, Nebel- oder Dunstschichten dar und sind besonders bei austauscharmen Wetterlagen ausgeprägt.

Invisible Cirrus Clouds: Sehr dünne und sehr hohe Cirrostratuswolken, die nicht als Wolken sichtbar sind. Oft wird das Vorhandensein nur durch Haloerscheinungen bemerkt, die durch Lichtbrechung an den winzigen Eiskristallen entstehen. Diese Wolken bilden sich oft bei einer hohen Konzentration von Aerosolen, meist durch hochreichenden Saharastaub oder Vulkanasche. An diesen zahlreichen Kondensationskernen sublimiert auch bei geringer Luftfeuchte Wasserdampf zu Eiskristallen, aber die Kristallgröße ist nicht ausreichend, um die Wolken sehen zu können.

Ionosphäre: Luftschicht mit einem großen Anteil an ionisierten Partikeln. Sie erstreckt sich innerhalb der Erdatmosphäre über mehrere Stockwerke, beginnend in der → Mesosphäre (etwa 60km Höhe) über die → ***Thermosphäre*** (etwa 200km Höhe) bis zur Exosphäre (in etwa 2000km Höhe). Sie wird von der → ***Magnetosphäre*** umschlossen, deren Feldlinien z. T. sogar bis über die Mondbahn hinausreichen. Bei starken Sonneneruptionen können die elektrisch geladenen Teilchen des Sonnenwindes in der Ionosphäre Polarlichter erzeugen.

Kondensation: Übergang des atmosphärischen Wasserdampfes in den flüssigen Aggregatzustand beim Überschreiten des höhenabhängigen Sättigungsdampfdruckes durch Tröpfchenbildung (Nebel, Wolken, Tau) an → ***Kondensationskernen***.

Kondensationskern oder -keim: → ***Aerosole*** wie Staub-, Salz- oder Rußpartikel. Sie sind die Grundlage für Kondensation, Wolkenbildung und die Entstehung von Eiskristallen, da sich an ihnen Wasserdampf sammelt und bei sehr geringen Temperaturen auch festfriert.

Kondensstreifen: Weiße, schmale Eiswolkenstreifen, die sich als Folge der Flugzeugabgase hochfliegender Jets bilden können. Diese Flugzeugabgase bestehen zu einem Großteil aus Wasserdampf, aber auch aus anderen festen Verbrennungsprodukten, die dem Wasserdampf als Kondensationskerne dienen. In Verbindung mit der raschen Ausdehnung und der damit verbundenen Abkühlung setzt spontane Sublimation ein und es bilden sich sehr rasch Eiskristalle. Wie langlebig die Kondensstreifen letztlich sind, hängt von dem Feuchtegehalt der Schicht ab, in welcher sie entstehen.

Lichtspektrum: Oder auch Farbspektrum genannt. Teil des elektromagnetischen Spektrums, der ohne technische Hilfsmittel durch das menschliche Auge wahrgenommen werden kann. Durch Brechung am optischen Prisma, durch Beugung an Gittern oder in Interferenz kann weißes Licht in Spektralfarben zerlegt werden. Obwohl es theoretisch unendlich viele Spektralfarben gibt, ist im täglichen Umgang oft nur von einer bestimmten, relativ kleinen Anzahl von Spektralfarben die Rede, zum Beispiel von den sieben Regenbogenfarben Rot, Orange, Gelb, Grün, Blau, Indigo und Violett.

Lenticularis: → ***Föhnwolke***

Luftmoleküle: Partikel der Atmosphäre. Ihre Radien von ca. 0,0001 µm sind im Verhältnis zur Wellenlänge des Lichtes sehr klein. Je kleiner die Wellenlänge, also kurzwelliger die Strahlung ist, desto stärker wird das Licht an ihnen gestreut (Rayleigh-Streuung). Blau wird also am stärksten gestreut und erzeugt die Farbe unseres Himmels.

Magnetosphäre: Bereich, in dem das Erdmagnetfeld dominiert. Die scharfe äußere Begrenzung wird Magnetopause genannt. Die innere Begrenzung zur neutralen Atmosphäre bildet die Ionosphäre. Das Erdmagnetfeld wird durch den Sonnenwind, also die Partikelstrahlung der Sonne, stark deformiert. Es leitet den größten Teil des Sonnenwindes um die Erde herum. Bei hoher Sonnenaktivität erhöht sich der Druck auf die magnetischen Kraftlinien. Dies bewirkt, dass die elektrisch geladenen Teilchen entlang der Feldlinien in die oberen Schichten der polaren Regionen eindringen können, wobei Polarlicht entsteht.

Mesopause: Grenze zwischen → ***Mesosphäre*** und → ***Thermosphäre*** in etwa 80–85km Höhe im Sommer und ca. 100km im Winter. Aufgrund der hier extrem ausgedünnten Luft sowie der Tatsache, dass kaum mehr Ozon vorhanden ist, kann die Temperatur bis zur → ***Mesopause*** stark absinken und definiert das zweite Minimum des atmosphärischen Temperaturprofils. Im Sommer ist die Mesopause deutlich kälter als im Winter und bei Temperaturen unter −130°C können sich Leuchtende Nachtwolken bilden, die aufgrund ihrer Höhe bis in die späte Dämmerung direkt von der Sonne angestrahlt werden.

Mesosphäre: Ist zur Erde hin in etwa 50km Höhe durch die → ***Stratosphäre*** und nach oben hin in 80km bis 90km Höhe durch die → ***Mesopause*** von der → ***Thermosphäre*** abgegrenzt. Sie ist als die kalte Schicht bekannt, da hier Temperatur und Luftdruck dramatisch sinken.

Ozonschicht: Befindet sich hauptsächlich in der unteren → ***Stratosphäre*** und schützt Mensch, Pflanze und Tier vor zu viel gefährlicher UV-Strahlung von der Sonne. Ozon (O_3) ist eine chemische Verbindung, die aus drei einfachen, einatomigen Sauerstoffatomen besteht. Bei tief stehender Sonne hat die Ozonschicht Einfluss auf die Himmelsfarben. Sie kann bis zu 40% des orangen Lichts herausfiltern (→ ***Chappuis-Absorption***), was ausreicht, um die Farben zu den kürzeren Wellenlängen hin zu verschieben. Sie färbt den Himmel bis weit nach Sonnenuntergang blau und ist zudem für die graublaue Farbe des Erdschattenbogens verantwortlich.

Polarisation: Das Licht, das von der Sonne kommt, ist unpolarisiert. Das heißt, es schwingt in beliebige Richtungen, senkrecht zur Ausbreitungsrichtung. Durch Brechung oder Reflexion kann Licht linear polarisiert werden, denn es wird ihm eine bestimmte Schwingrichtung aufgezwungen, bei der es nur noch auf einer Ebene schwingt. Ein Polarisationsfilter lässt nur die Lichtwellen einer bestimmten Polarisationsrichtung durch, also Licht, dessen elektrisches Feld in einer bestimmten Richtung schwingt. Deshalb kann zum Beispiel das reflektierte Licht eines Regenbogens mit Hilfe eines Polfilters verstärkt oder ausgelöscht werden.

Rückstreuung oder Rückwärtsstreuung: Bezeichnet Streuprozesse mit einem Streuwinkel zwischen 90° und 180°. Beispiele sind die Glorie und der Regenbogen, bei dem das Licht um 138° zurückgestreut wird, was den Öffnungswinkel von 42° erklärt.

Sonnengegenpunkt: Punkt gegenüber der Sonne, der sich genau so tief unterhalb des Horizontes befindet wie die Sonne darüber. Er beschreibt zum Beispiel den Mittelpunkt des Regenbogenkreises.

Strahlengang: Geometrischer Verlauf von Lichtstrahlen durch Tropfen, Eisprismen oder Spiegel unter zum Teil mehrmaliger Ablenkung.

Stratosphäre: Die atmosphärische Schicht oberhalb der → ***Troposphäre***, die je nach Jahreszeit und geografischer Breite von etwa 8 Kilometern in den Polargebieten und etwa 18 Kilometern am Äquator bis 50 Kilometer Höhe reicht. Über der Stratosphäre schließt sich die →

Mesosphäre an, zwischen den beiden atmosphärischen Schichten liegt die Stratopause. Die Stratosphäre enthält kaum Wasser. Eine Wolkenbildung ist dort nur in extremen Fällen möglich. Nur wenn sie so kalt ist, dass auch die letzten Wassertröpfchen noch zu Eisteilchen kristallisieren, können zum Beispiel Perlmutterwolken entstehen.

Stratocumulus: (aus dem Lat. stratum = Schicht, Decke, cumulus = Haufen) Mischform aus tiefen schicht- und haufenförmigen Wolken bis 2000 Meter Höhe. Überziehen den Himmel in Form von grauen, grauweißen oder weißen Flecken, Feldern oder Schichten mit dunklen Bereichen in schichtförmiger Anordnung von größeren Ballen und Walzen mit meist unscharfen Rändern. Sie bestehen vorwiegend aus feinen Wassertröpfchen, bei großer Kälte manchmal auch aus Schneeflocken und Eiskristallen.

Stratus: (aus dem Lat. stratum = Schicht, Decke) Niedere Schichtwolken bis 2000 Meter Höhe, werden auch als Hochnebel oder Höhennebel bezeichnet; völlig strukturlose Schicht oder einzelne Fetzen. Besteht meist aus kleinen Wassertröpfchen, im Winter bei sehr kalten Temperaturen auch zum Teil aus Eiskristallen und kann dann Halos erzeugen.

Sublimation: Beschreibt den direkten Übergang von Wasser der festen Phase (Eis oder Schnee) direkt in die gasförmige Phase, ohne dass der dazwischen liegende Aggregatzustand (flüssig) angenommen wird.

Talnebel: Klassischer Strahlungsnebel, der häufig bei austauscharmen winterlichen Hochdruckwetterlagen in abflusslosen Tälern auftritt. Dabei fließt von den Hängen der umliegenden Berge oder Hügel Kaltluft in das Tal und sammelt sich dort an.

Tau: Wasserdampf, der auf Gegenständen oder Pflanzen direkt aus der Luft auskondensiert ist und sich dort als Ansammlung meist sehr kleiner Wassertröpfchen niedergeschlagen hat. An Tautröpfchen kann der Taubogen und der Heiligenschein beobachtet werden.

Thermosphäre: Umfasst den größten Teil der Atmosphäre und befindet sich in etwa 80 bis 480 Kilometern Höhe. An die Thermosphäre grenzt nach unten die → ***Mesopause***, nach oben die Exosphäre. In ihr werden die Luftmoleküle durch die aus dem All auftreffende kurzwellige Strahlung aufgeladen. Durch diesen Prozess entsteht Wärme. In der Thermosphäre entsteht die permanent aufgehellte Schicht des Airglow.

Troposphäre: Unterstes Stockwerk der Atmosphäre, das vom Erdboden bis zur Tropopause reicht. In ihr spielt sich der Großteil des Wetters ab und es entstehen die meisten optischen Erscheinungen. Ihre Mächtigkeit beträgt im Mittel 7 Kilometer an den Polen und 18 Kilometer am Äquator. Oberhalb der Tropopause schließt sich die → ***Stratosphäre*** an.

Venusgürtel: In der atmosphärischen Optik die Bezeichnung für den Gegendämmerungsbogen, bestehend aus einem meist rosa- bis orangefarbenen Band, das kurz vor Sonnenauf- oder kurz nach Sonnenuntergang in einer Höhe von 10°–20° parallel zum gegenüberliegenden Horizont verläuft.

Virga: → ***Fallstreifen***

Wolkenmeer: Wolken unterhalb eines erhöhten Beobachterstandpunktes. Meist handelt es sich um → ***Stratocumulus*** mit welliger Oberfläche. In den Wassertröpfchen der tiefer liegenden Wolken kann die Glorie oder ein Wolkenbogen entstehen.

Zenit: Höchster Punkt der Himmelskugel, der zu allen Punkten des Horizonts den gleichen Abstand hat (Höhe 90°).

STICHWORTVERZEICHNIS

PERSONENVERZEICHNIS

VERWENDETE LITERATUR, QUELLEN

PHYSIK, ALLGEMEIN

Hecht, E., 1991: Optik, Addison-Wesley (Deutschland)

Lotze, K.-H., Schneider W. B., 2002: Wege in der Physikdidaktik, Band 5, Palm & Enke, Erlangen und Jena

Liljequist, G.H., Cehak, K., 1994: Allgemeine Meteorologie, Vieweg, Braunschweig/Wiesbaden

Libbrecht, K., 2004: The Snowflake, Colin Baxter Photography Ltd, Grantown -on-Spey, Scotland

Pernter, J. M.; Exner, F. M., 1922: Meteorologische Optik, Wilhelm Braumüller Verlag, Wien und Leipzig

ATMOSPHÄRISCHE ERSCHEINUNGEN, ALLGEMEIN

Minnaert, M. G., 1992: Licht und Farbe in der Natur. Birkhäuser Verlag, Basel

Bullrich, K., 1982: Die farbigen Dämmerungserscheinungen. Birkhäuser Verlag, Basel

Hoeppe, G., 1999: Blau. Die Farbe des Himmels. Spektrum Akademischer Verlag, Heidelberg

Meinel, A., Meinel, M., 1983: Sunsets, twilights, and evening skies. Cambridge University Press, Cambridge

Dietze, G., 1957: Einführung in die Optik der Atmosphäre, Akademische Verlagsgesellschaft Geest und Portig, Leipzig

Corliss, W. R., 1984: Rare halos, mirages, anomalous rainbows, and related electromagnetic phenomena: a catalog of geophysical anomalies, The Sourcebook project, Glen Arm, USA

Tributsch, H., 1996: Als die Berge noch Flügel hatten. Die Fata Morgana in alten Kulturen, Mythen und Religionen, Ullstein, Berlin/Frankfurt/M

Willerding, E., 2005: Zur Theorie des Regenbogens, der Glorie und der Halos, www.astro.uni-bonn.de/~willerd/regenbogen.pdf

Wünsche, A., 2002–2008: Dämmerungserscheinungen, http://home.arcor.de/alexander.wuensche/html/astro/astro_thema_4.htm

Hinz, C., Können, G., 2008: Ungewöhnliche Glorien, VdS-Journal 26, 58

Hinz, C., 2012: Die ich rief, die Geister, VdS-Journal 41, 42

Hinz, C., 2012: Dämmerung, VdS-Journal 41, 27

Hinz, C., 2009: Ungewöhnliche Dämmerungsfarben durch Vulkanasche, VdS-Journal 30, 55

Hinz, C., 2010: Erneut Vulkanaerosolwolken über Mitteleuropa, VdS-Journal 33, 82

Hinz, C., 2011: Volcanic Twilights again. http://blog.meteoros.de/2011/08/18/volcanic-twilights-again/

Silberschlag, J. E., 1783: Johann Esaias Silberschlags Geogenie, oder Erklärung der mosaischen Erderschaffung nach physikalischen und mathematischen Grundsätzen

Krämer P., Hinz C., 2008: Polare Stratosphärische Wolken über Mitteleuropa, VdS-Journal 27, 67

Boyer, C. B., 1958: The Tertiary Rainbow: An Historical Account, Isis 49, 141

Großmann, M., Schmidt, E., Haußmann, A., 2011: Photographic evidence for the third-order rainbow, Applied Optics 50, F134

Theusner, M., 2011: Photographic observation of a natural fourth-order rainbow, Applied Optics 50, F129

Goethe, J. W., 1810: Schriften zur Farbenlehre I und II, Phaidon Verlag (1787–1797/1810)

Hinz, W., 1995: Zusammenfassung der bisher viermal beobachteten unbekannten Erscheinung, Mitteilungen des Arbeitskreises Meteore 12/1995

Tränkle, E., 1996: Simulation des ungewöhnlichen Parrybogens, Mitteilungen des Arbeitskreises Meteore 1/1996

Pekkola, M., Moilanen J., 1996: Lowitzbögen oberhalb des 22°-Ringes, Mitteilungen des Arbeitskreises Meteore 3/1996

Hünsch, M., 2000: Luftspiegelungen im Watt. www.leuchtturm-atlas.de/TEXT/ARCHIV/NATUMWELT/001.html

Hinz, C., 2013: Airglow – Wenn aus grünem Polarlicht ein noch selteneres Phänomen wird. VdS-Journal 44, 75

Hoffmeister, C., 1960: Interplanetare Materie und verstärktes Nachthimmelleuchten, Zeitschrift für Astrophysik 49, 233

Riepe, P., Binnewies, S., 1992: Airglow, was ist das eigentlich?, Sterne und Weltraum 6/1992, 410

Engler M.; 1996: Fata Morganen - Zauberspiegel am Horizont: http://www.michaelengler.de/engler/Ebenen/FILM/Naturphaenomene/Morganen/finafmin.htm

Engler M.; 2001: Fata Morgana - Naturwunder und Zauberspuk: http://www.michaelengler.de/engler/Ebenen/FILM/Archaeologie/Fata/fiarfain.htm

Singleton, E. (Editor); 1902: Wonders of the Earth, Sea and Sky, Volume XI [11] Hall and Locke Company, Boston

Hoffmeister, C.; 1951: Spezifische Leuchtvorgänge im Bereich der mittleren Ionosphäre, Ergebnisse der exakten Naturwissenschaften, Vol. 24, 1–53

Elvey, C. T.; 1950: Aurora and Airglow, Ausgabe 9 von Contributions of the Geophysical Institute: Series B , University of Alaska

HALO-ERSCHEINUNGEN

Schmidt, R.: Halobibliographie: www.halo-bibliographie.net

Riikonen, M., 2011: Halot, Ursa, Helsinki

Vornhusen, M.: Hildegard von Bingen - Waren ihre Visionen Haloerscheinungen? www.old.meteoros.de/hilde/hilde.htm

Vornhusen, M.: Sammlung alter Halodarstellungen, www.old.meteoros.de/halo/halo1.htm

Vornhusen, M.: Der erste Bericht vom Danziger Halophänomen, www.old.meteoros.de/halres/hevel.htm

Moilanen, J., 1998: New halo in northern Finland, Weather, Vol. 53, 8, 241–243

Hinz, C., 2009: Zwei Halophänomene im Eisnebel am 3. und 7. Januar 2009 auf dem Sudelfeld (1100m) in Oberbayern, Meteoros 4/2009

Hinz, C., 2011: Eisnebelhalos am 27. Oktober 2010, Meteoros 1/2011

Bottlinger, C. F., 1910: Über eine interessante optische Erscheinung bei einer Ballonfahrt, Meteorologische Zeitschrift 27, 74

Steinmetz, H., Weickmann, H., 1947: Zusammenhänge zwischen einer seltenen Haloerscheinung und der Gestalt der Eiskristalle, Heidelberger Beiträge zur Mineralogie, 1, 31–36

Rosetto, N., 2013: Le traitement Bleu moins Rouge, http://opticsaround.blogspot.fr/2013/03/le-traitement-bleu-moins-rouge-blue.html

Wegener, Alfred; Theorie der Haupthalos, Archiv der deutschen Seewarte, XLIII. Jahrgang, 1925

SONSTIGE LITERATUR

Körber, H.-G., 1987: Vom Wetteraberglauben zur Wetterforschung, Edition Leipzig

Bartošková, V.: Aus den Mythen des Erzgebirges, www.alte-salzstrasse.de/index.php?id=461&L=2

Morgner, M., Baumann, J. 2013: Kulturregion Riesengebirge, Books on Demand, Norderstedt

de Ulloa, A., 1771: Historische Reisbeschryving van Geheel Zuid-America, Jacobus Huysman

WEITERFÜHRENDE LITERATUR

Vollmer, M., 2006: Lichtspiele in der Luft, Spektrum Akademischer Verlag, Heidelberg

Greenler, R., 1980: Rainbows, Halos and Glories, Cambridge University Press, Cambridge

Tape, W., Moilanen, J., 2006: Atmospheric Halos and the Search for Angle X, American Geophysical Union, Washington, DC

Tape, W., 1994: Atmospheric Halos, Antarctic research Series 64, American Geophysical Union, Washington, DC

Naylor, J., 2002: Out of the Blue, Cambridge University Press, Cambridge

Lynch, D. K., Livingston, W., 2001: Color and Light in Nature, Cambridge University Press, Cambridge

Schlegel, K., 2001: Vom Regenbogen zum Polarlicht, Spektrum Akademischer Verlag, Heidelberg

Löw, A., 1990: Luftspiegelungen, Wissenschaftsverlag, Mannheim/Wien/Zürich

Herd, T., 2007: Kaleidoscope Sky, Abrams, New York

Fichtelberg im Erzgebirge und Umgebung: https://fichtelbergwetter.wordpress.com

SURFTIPPS

Arbeitskreis Meteore e.V.: www.meteoros.de

Atmospheric Optic von Les Cowley: www.atoptics.co.uk

Atmosphärische Erscheinungen aus Österreich:
home.eduhi.at/member/nature/MET/atmoest/atm-erscheinungenoest-start.htm

Forum des Arbeitskreises Meteore e.V:.
http://forum.meteoros.de

Ungewöhnliche atmosphärische Erscheinungen:
http://blog.meteoros.de

Leuchtende Nachtwolken: www.mcewan.co.uk/nlc/

Polarlichtarchiv für Deutschland:
www.polarlicht-archiv.de

Aktuelles Satellitenbild: www.sat24.com

Aktuelles Niederschlagsradar:
www.niederschlagsradar.de

Registax (Software zum Stacken von Bildern):
www.astronomie.be/registax/

Giotto (Software zur astronomischen Bildbearbeitung, u. a. zum Stacken von Bildern):
www.giotto-software.de/giotto.htm

BILDNACHWEIS

Alle nicht aufgeführten Fotos stammen von den Autoren.

Boll, Nicola	112
Cowley, Les	87
Eggert, Daniel	151, 172/173
Ender, Stefan	68 unten
Fenn, Christian	33, 178
Frei, Matthias	113
Großmann, Michael	34 oben, 80, 91 rechts, 114, 118
Hackmann, Jens	78, 79, 201
Hansson, Hakon	196, 197, 198
Haußmann, Alexander	31
Henkes, Hans Richard	44
Heyen, Hans Jürgen	38/39
Hummer, Peter	121
Kinkeldey, Marc	55
Manig, Rüdiger	73
Möller, Andreas	61, 200
NASA	194
Nitschke, Mirko	45/47
Nitze, Reinhard	18/19 oben, 115, 125, 130
Radelow, Bertram	170, 171
Rendtel, Ina	77
Riedler, Vreni	142
Rubach, Stefan	62 unten, 72
Scheer, Hermann	23, 184/185
Schmidt, Elmar	167
Sparenberg, Rainer und Binnewies, Stefan	105
Tändler, Uwe	95
Theusner, Michael	91 links, 181
Unbehauen, Helmut	40
Wiegand, Mario	82, 83 links
Young, Andrew T.	76
Zeiske, Andreas	126, 143 rechts, 168

SIMULATIONEN

mit Halosim 3.6 von Michael Schroeder und Les Cowley